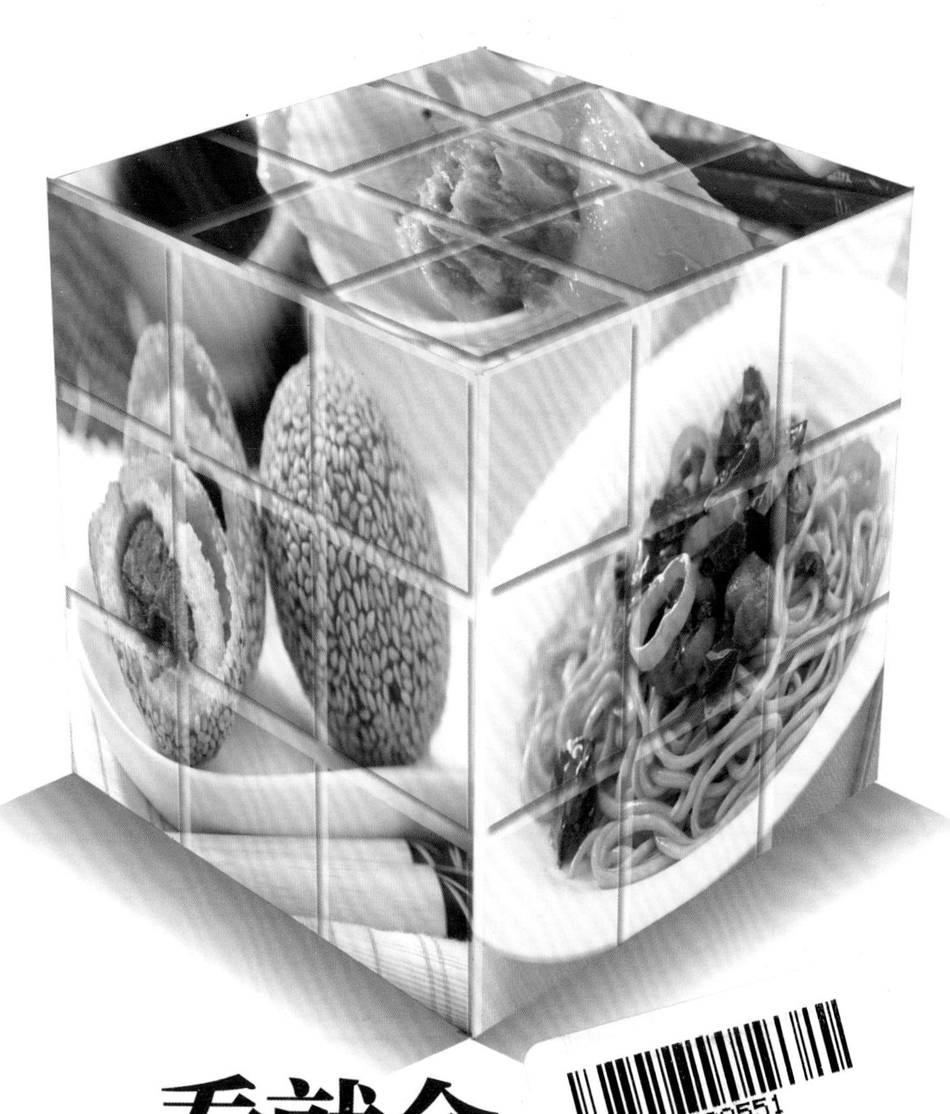

一看就会 家常主食

编委会◎编

吉林科学技术出版社

Instructions 使用说明

A/ 国内顶级营养大师、烹饪大师，从上万道菜肴中精选出的美味菜品。

B/ 手机扫描菜品所属二维码，即可观赏到超详解视频。

D/ 全立体分解步骤图更直观地与您分享菜品制作过程之美。

E/ 每道菜都有准确的口味标注，让您第一时间寻找到自己所爱。

C

直观易懂的制作步骤，图文并茂地阐述菜品的详细制作过程。

Part 1 软糯米饭喷喷香

-原 料——

大米饭400克/虾仁150克/黄瓜25克/青豆15克/龙井茶10克/鸡蛋3个/葱花15克/精盐2小匙/胡椒粉少许/植物油适量

-制 作——

1. 龙井茶放入茶杯内，倒入沸水浸泡成茶水，捞出茶叶；虾仁去沙线，洗净，攥干水分，从虾背部切开Ⓐ。
2. 净锅置火上，加入植物油烧至五成热，放入 出香味Ⓑ，盛出。
3. 原锅 入少许植物油烧至六成 拌好的大米饭Ⓒ，用旺火翻炒片刻Ⓓ。
4. 加入胡椒粉、精盐、青豆、黄瓜丁、味精、葱花、虾仁和茶叶炒匀Ⓔ，出锅装盘，四周浇上龙井茶水即可。

鲜咸味

13

打开智能手机（或者平板电脑）的微信扫一扫功能。

2

在良好的光线下，对准本书中菜品的二维码，进行识别扫描。

3

点击播放键，即可欣赏到高清全剧情版烹饪视频。

TIPS：本套丛书部分视频刻录在随书附赠光盘中

Author 生活食尚编委会

刘国栋：中国饮食文化国宝级大师，著名国际烹饪大师，商务部授予中华名厨（荣誉奖）称号，全国劳动模范，全国五一劳动奖章获得者，中国餐饮文化大师，世界烹饪大师，国家级餐饮业评委，中国烹饪协会理事。

张明亮：从事餐饮行业40多年，国家第一批特级厨师，中国烹饪大师，国家高级公共营养师，全国餐饮业国家级评委。原全聚德饭庄厨师长、行政总厨，在全国首次烹饪技术考核评定中被评为第一批特级厨师。

李铁钢：《天天饮食》《食全食美》《我家厨房》《厨类拔萃》等电视栏目主持人、嘉宾及烹饪顾问，国际烹饪名师，中国烹饪大师，高级烹饪技师，法国厨皇蓝带勋章，法国美食协会美食博士勋章，远东区最高荣誉主席，世界御厨协会御厨骑士勋章。

张奔腾：中国烹饪大师，饭店与餐饮业国家一级评委，中国管理科学研究院特约高级研究员，辽宁饭店协会副会长，国家高级营养师，中国餐饮文化大师，曾参与和主编饮食类图书近200部，被誉为“中华儒厨”。

韩密和：中国餐饮国家级评委，中国烹饪大师，亚洲蓝带餐饮管理专家，远东大中华区荣誉主席，被授予法国蓝带最高骑士荣誉勋章，现任吉林省饭店餐饮烹饪协会副会长，吉林省厨师厨艺联谊专业委员会会长。

高玉才：享受国务院特殊津贴，国家高级烹调技师，国家公共营养技师，中国烹饪大师，餐饮业国家级考评员，国家职业技能裁判员，吉林省名厨专业委员会会长，吉林省药膳专业委员会会长。

马长海：国务院国资委商业技能认证专家，国家职业技能竞赛裁判员，中国烹饪大师，餐饮业国家级评委，国际酒店烹饪艺术协会秘书长，国家高级营养师，全国职业教育杰出人物。

夏金龙：中国烹饪大师，中国餐饮文化名师，国家高级烹饪技师，中国十大最有发展潜力的青年厨师，全国餐饮业国家级评委，法国国际美食会大中华区荣誉主席。

齐向阳：国家职业技能鉴定高级考评员，中国烹饪名师，高级技师，北方少壮派名厨，首届世界华人美食节烹饪大赛双金得主，北方厨艺协会秘书长，辽宁省餐饮烹饪行业协会副秘书长。

本书摄影：王大龙　杨跃祥

封面题字：徐邦家

Foreword 前言

吃是一种本能，也是一种修为。

本能表现在摄取的营养物质维持正常的生理指标，使生命正常运转；修为是指在维系生命运转的前提下，吃的是否健康、是否合理、是否养生，是否能通过吃使人体机能、精神面貌、修养理念等达到另一个高度，谓之为爱吃、会吃、讲吃、辩吃的真正美食家。

讲究营养和健康是现今的饮食潮流，享受佳肴美食是人们的减压方式。虽然在繁忙的生活中，工作占据了太多时间，但在紧张工作之余，我们也不妨暂且抛下俗务，走进厨房小天地，用适当的食材、简易的调料、快捷的技法等，烹调出一道道简易、美味、健康并且快捷的家常菜肴，与家人、朋友一齐来分享烹调的乐趣，让生活变得更富姿彩。

家常菜来自民间广大的人民群众中，有着深厚的底蕴，也深受大众的喜爱。家常菜的范围很广，即使是著名的八大菜系、宫廷珍馐，其根本元素还是家常菜，只不过氛围不同而已。我们通过一看就会系列图书介绍给您的家常菜，是集八方美食精选，去繁化简、去糟求精。我们也想通过努力，使您的餐桌上增添一道亮丽的风景线，为您的健康尽一点绵薄之力。

一看就会系列图书图文并茂，讲解翔实，书中的美味菜式不仅配有精美的成品彩图，还针对制作中的关键步骤，加以分解图片说明，让读者能更直观地理解掌握。另外，我们还对其中的重点菜肴配以二维码，您可以用手机或平板电脑扫描二维码，在线观看整个菜品制作过程的视频，真正做到图书和视频的完美融合。

衷心祝愿一看就会系列图书能够成为您家庭生活的好帮手，让您在掌握制作各种家庭健康美味菜肴的同时，还能够轻轻松松地享受烹饪带来的乐趣。

生活食尚编委会

Contents 目录

Part 1
软糯粥饭喷喷香

Part 2
爽滑面条我最爱

Part 3
包子饺子最好吃

Part 4

家常饼食最贴心

Part 5
特色小吃这样做

索引一

索引二

Part 1
软糯粥饭喷喷香

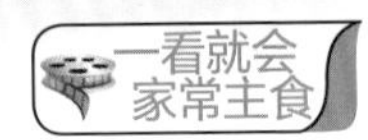

茶香炒饭

DVD

TIME / 25分钟

-原 料—

大米饭400克/虾仁150克/黄瓜25克/青豆15克/龙井茶10克/鸡蛋3个/葱花15克/精盐2小匙/胡椒粉少许/植物油适量

-制 作—

1. 龙井茶放入茶杯内，倒入沸水浸泡成茶水，捞出茶叶；虾仁去沙线，洗净，搌干水分，从虾背部切开A。
2. 净锅置火上，加入植物油烧至五成热，放入虾仁煸炒出香味B，盛出。
3. 原锅复置火上，加入少许植物油烧至六成热，放入调拌好的大米饭C，用旺火翻炒片刻D。
4. 加入胡椒粉、精盐、青豆、黄瓜丁、味精、葱花、虾仁和茶叶炒匀E，出锅装盘，四周浇上龙井茶水即可。

-原 料

大米150克 / 虾仁100克 / 香菇2朵 / 大葱15克 / 精盐1小匙 / 味精1/2小匙 / 香油2小匙 / 胡椒粉少许

-制 作

1. 香菇去蒂，放入清水中泡软，捞出冲净，切成小块；大米淘洗干净，放入清水中浸泡2小时。
2. 将虾仁洗净，切成2厘米长的小段A；虾仁、香菇放入开水中稍烫B，捞出沥水。
3. 大米放入锅中，加入适量清水煮成米粥，再放入虾仁、香菇、葱段煮约10分钟，然后加入精盐、味精、香油、胡椒粉调好口味，即可出锅装碗。

-原 料—

大米饭500克/羊排300克/鲜香菇100克/洋葱50克/胡萝卜30克/精盐2小匙/酱油1大匙/辣椒粉1/2小匙/白糖2大匙/孜然粉少许/植物油适量

-制 作—

1. 羊排浸洗干净,剁成小块,放入沸水锅内焯烫一下,捞出沥水;鲜香菇去蒂,洗净,切成小块;洋葱洗净,切成细丝;胡萝卜去皮,洗净,切成小丁。

2. 锅中加油烧热,下入洋葱丝、香菇丁、胡萝卜丁稍炒A,加入孜然粉及少许清水炒出香味B,出锅。

3. 电压力锅内放入羊排块,加入精盐、酱油、白糖、辣椒粉及清水煲约25分钟C,再放入米饭和炒好的洋葱等,盖上锅盖,续煲15分钟即成。

羊排手抓饭

-原 料——

羊腩500克/大米150克/绿豆、胡萝卜各50克/葱白粒、姜丝、胡椒粉各少许/精盐、味精、生抽各1/2小匙/花椒5粒/水淀粉2小匙

-制 作——

1. 绿豆洗净；大米淘洗干净，用精盐、花椒、胡椒粉拌匀，腌渍1小时Ⓐ；羊腩肉洗净，切成小块Ⓑ。

2. 净锅置火上，加入清水、花椒、胡萝卜和羊肉块，中火煮10分钟，捞出冲净。

3. 锅中加入清水，放入羊肉块、绿豆和葱白粒煮沸，再加入大米，转小火熬煮至粥熟，用水淀粉勾芡，加入精盐、味精、生抽、姜丝拌匀即成。

鱼蓉肝粥

-原 料——

净鱼肉、猪肝各200克 / 大米100克 / 水发干贝、水发腐竹各50克 / 枸杞子10克 / 葱丝、姜丝、葱段、姜片、精盐、酱油、淀粉、姜汁、植物油各适量

-制 作——

1. 净鱼肉切成薄片Ⓐ；猪肝切成片Ⓑ，加上姜汁、淀粉抓匀；水发干贝撕成丝；水发腐竹切成小段。
2. 大米淘洗干净，倒入沸水锅中，加入水发干贝丝，用小火煮至熟，加上腐竹段、枸杞子，撒入精盐调拌均匀，下入猪肝片烫至熟嫩，离火成米粥。
3. 碗中放入鱼肉片，加入酱油和少许植物油拌匀，再倒入米粥，撒上姜丝、葱丝即可。

原 料

牛肉200克/大米饭、土豆、洋葱、胡萝卜各适量/姜片10克/香叶、八角、花椒各3克/精盐少许/面粉1大匙/酱油2小匙/料酒1大匙/黄油适量/咖喱块25克

制 作

1. 土豆去皮，切成块Ⓐ；洋葱洗净，切成细丝；胡萝卜去皮，切成小块Ⓑ。
2. 牛肉洗净，切成大块Ⓒ，放入高压锅内，加入清水、姜片、料酒压25分钟。
3. 锅中放入黄油、土豆、洋葱、胡萝卜、八角、香叶、花椒、料酒炒5分钟Ⓓ，放入盛有牛肉的高压锅压几分钟。
4. 净锅复置火上，加入少许黄油，放入面粉，用小火炒香出味Ⓔ。
5. 倒入压好的牛肉和蔬菜，放入咖喱块煮约2分钟，放入酱油调好颜色，出锅浇在大米饭上即成。

咖喱牛肉饭

口味：咖喱味

-原 料——

羊肉200克／大米150克／杏仁、核桃仁各10粒／葱末、姜末、精盐、白糖、白酱油各少许／甜面酱100克／广东酱150克

-制 作——

1. 羊肉洗净，放入锅中，加入清水煮沸A，改用小火焖至熟香，取出、去骨，冷却后切成片B，装入盘中。

2. 将白酱油、甜面酱、广东酱加入250克开水及适量白糖搅匀，熬成甜酱。

3. 煮羊肉的原汤去除杂质，加入洗净的大米煮沸，改用小火煮至熟，撒上葱末、姜末、杏仁、核桃仁和精盐，淋入白酱油，熟羊肉佐甜酱食用即可。

双酱肉粥

TIME / 200分钟

口味：酱香味

-原 料——

大米150克／羊肉100克／山药75克／姜片5克／精盐1小匙／味精1/2小匙／香油适量

-制 作——

1. 将大米淘洗干净Ⓐ；羊肉洗净，剁成碎末；山药去皮Ⓑ，洗净，切成小块。
2. 净锅置火上，加入适量清水，先放入大米、羊肉末、姜片，用旺火煮沸。
3. 转小火煮至米烂、粥熟，加入山药块，继续用小火熬煮5分钟，淋入香油，加入精盐、味精调好口味，出锅装碗即成。

-原 料

大米饭250克/猪五花肉200克/香菇15克/熟鸡蛋1个/大葱、姜块各15克/蒜瓣10克/桂皮、八角、陈皮、精盐、胡椒粉各少许/冰糖2小匙/料酒1大匙/酱油3大匙/植物油2大匙

-制 作

1. 大葱、姜块分别洗净，用刀背拍碎Ⓐ；香菇发涨，切成小粒；猪五花肉洗净，切成长条大块。
2. 锅内加入植物油烧热，下入葱段、姜块、蒜瓣、桂皮、陈皮、八角炸出香味Ⓑ，放入料酒、酱油、香菇炒匀，加入清水、肉块和冰糖煮沸Ⓒ。
3. 放入熟鸡蛋、胡椒粉焖15分钟Ⓓ，取出肉块晾凉，切成小方丁，再放入原锅中，小火炖约10分钟至熟烂入味，出锅浇在大米饭上即可。

-原 料

大米75克/银耳25克/莲子、枸杞子各15克/大枣2枚/冰糖50克

-制 作

1. 莲子洗净，放入清水中浸泡，剥去外膜，去掉莲心A，放入沸水锅中焯烫一下B，捞出。

2. 银耳泡发回软，去蒂，洗净，撕成小块C，放入沸水锅中焯烫一下，捞出沥水。

3. 大米洗净，放入锅内，加入清水熬煮至米粥近熟，放入银耳、大枣、莲子D，继续煮至大米熟烂，放入枸杞子、冰糖煮至黏稠，出锅装碗即可。

大枣银耳粥

TIME / 90分钟

口味：香甜味

北菇滑鸡煲仔饭

TIME / 40分钟

-原 料

鸡腿肉400克/大米、鲜香菇各100克/净油菜适量/葱丝、姜丝各15克/精盐少许/味精、胡椒粉、白糖、香油各少许/蚝油、酱油各2小匙/料酒1大匙/植物油2大匙

-制 作

1. 鸡腿肉切成块，加入料酒、酱油、蚝油、精盐、胡椒粉、白糖、味精、葱丝、姜丝拌匀Ⓐ；鲜香菇洗净，切块。
2. 净锅置火上，加入植物油烧至六成热，下入香菇块煸炒出香味Ⓑ。
3. 倒入拌好的鸡块，用旺火煸炒3分钟，出锅装入盘中成滑鸡。
4. 锅中留底油烧至七成热，放入葱丝、姜丝Ⓒ，加入料酒、白糖、酱油及清水煮沸成味汁，倒出。
5. 大米放入砂煲内，加入少许植物油及清水煮成米饭Ⓓ，放入滑鸡焖5分钟Ⓔ，放上净油菜，烹入味汁即可。

-原 料

小米200克/红枣6粒/冰糖适量

-制 作

1. 将小米淘洗干净，用清水浸泡A；红枣清洗干净，去掉枣核。
2. 锅中加入适量清水，先放入小米、红枣煮沸B，再改用小火慢煮30分钟至粥熟。
3. 然后加入冰糖C，续煮至冰糖完全溶化入味，出锅装碗即成。

-原 料——

杂粮米、羊外脊肉、洋葱粒、胡萝卜丁各适量/葱丝、姜丝、小茴香各少许/桂皮2小块/八角2粒/精盐1/2小匙/酱油4大匙/植物油2大匙

-制 作——

1. 羊外脊肉洗净，切成小丁，放入烧至六成热的油锅内煸炒出油Ⓐ，加入精盐炒匀。
2. 放入胡萝卜丁、洋葱粒Ⓑ、八角、小茴香、桂皮，加入清水煮3分钟，放入杂粮米炒煮3分钟Ⓒ，倒入电压力锅中蒸煮15分钟至熟，盛入碗中。
3. 锅中加入植物油烧热，下入葱丝、姜丝炒香Ⓓ，加入酱油、清水烧沸，倒入米饭碗中即可。

-原 料

黑米300克 / 芋头200克 / 大米150克 / 花生50克 / 红糖3大匙 / 冰糖80克

-制 作

1. 将黑米、大米混拌均匀，放入清水中浸泡2~3小时，淘洗干净。
2. 将芋头去根，削去外皮Ⓐ，用清水洗净，沥干水分，切成大薄片Ⓑ。
3. 坐锅点火，加入适量清水烧沸，放入黑米、大米煮约40分钟，再下入芋头片、花生、红糖、冰糖续煮20分钟至粥熟，即可装碗上桌。

-原 料——

南瓜200克/大米200克/白糖适量

-制 作——

1. 将南瓜去皮、去瓤，用清水洗净，沥净水分，切成小块Ⓐ；大米淘洗干净，放入清水中浸泡。
2. 净锅置火上，加入适量清水煮沸，放入大米煮约20分钟Ⓑ，再加入南瓜片调匀Ⓒ。
3. 用小火煮10分钟至熟透，然后加入白糖煮至溶化，出锅装碗即可。

-原 料——

带皮猪五花肉1块/大米、净油菜、净冬笋片、水发香菇各75克/葱丝、姜丝各10克/花椒、八角、陈皮各少许/精盐、味精、白酒、酱油、植物油各适量

-制 作——

1. 锅置火上烧热，放入精盐、花椒、八角、陈皮炒几分钟，倒入盘中晾凉。
2. 用小刀在带皮五花肉面上扎几下A，抹匀白酒和晾凉的精盐，皮朝上压出水分，挂在通风处晾一周成咸肉。
3. 咸肉洗净，放入清水锅中煮15分钟，捞出，切成薄片；水发香菇切片。
4. 大米用清水浸泡，捞出，放入电饭锅中B，加入适量清水，放入香菇片、冬笋片和咸肉片焖熟。
5. 锅中加入植物油烧热，下入葱丝、姜丝煸香，再加入酱油、清水、白糖、味精炒匀成汁，盛出。
6. 净油菜切成小段，放入焖好的米饭中拌匀C，浇淋上味汁即可。

咸肉焖饭

口味：鲜咸味

-原 料——

鲜藕200克/糯米150克/花生、大枣各50克/白糖100克/桂花酱3大匙

-制 作——

1. 糯米放入清水中浸泡A；鲜藕削去外皮，顶刀切成圆片B，放入沸水锅内焯烫一下、捞出、过凉C。
2. 锅中加入清水和藕片，小火煮至熟烂，加入白糖，转旺火煮至浓稠D，出锅盛入碗中成糖藕。
3. 锅中加入清水，放入糯米煮至米粒开花，加上花生、大枣搅匀，用小火煮20分钟至糯米熟烂，加入糖藕、桂花酱稍煮片刻，出锅倒入大碗中即成。

桂花糖藕粥

TIME / 90分钟

口味：甜香味

-原 料——

大米饭300克/牛肉150克/青、黄、红椒各50克/洋葱粒30克/香菇粒少许/鸡蛋1个/精盐、醪糟、淀粉、酱油各1小匙/胡椒粉1/2小匙/植物油适量

-制 作——

1. 牛肉洗净，切成小丁Ⓐ，加入酱油、醪糟、淀粉调拌均匀Ⓑ，放入热油锅中滑炒至变色Ⓒ，盛出。

2. 青椒、黄椒、红椒去蒂，切成小丁Ⓓ；鸡蛋磕入碗中搅匀，倒入热油锅中炒至定浆，盛出。

3. 锅中余油烧热，放入香菇丁、洋葱丁炒出香味，加入大米饭、青椒丁、红椒丁、黄椒丁炒散，放入牛肉丁、鸡蛋，加入精盐、胡椒粉炒匀，即可出锅。

-原 料——

大米饭200克/鸡蛋2个/净紫菜、鸡蛋清、豌豆、净青菜各少许/香菜段10克/葱末15克/料酒2小匙/香油1小匙/精盐、淀粉、酱油各少许

-制 作——

1. 虾仁去掉沙线，从中间片开成两半，加上少许鸡蛋清、淀粉和精盐等拌匀A；鸡蛋磕碗内，加入清水（约4小杯）、精盐和料酒搅匀成鸡蛋液。
2. 大米饭放入容器内B，倒入调好的鸡蛋液，放入蒸锅内，用旺火蒸8分钟至鸡蛋液成鸡蛋羹。
3. 把虾仁放入鸡蛋羹内，撒上净青菜、豌豆，加入酱油蒸2分钟C，再撒入葱末、香菜段、紫菜即可。

-原 料

大米饭400克/熟五花肉150克/辣白菜100克/葱段、姜块各5克/精盐、味精、白糖各少许/酱油、料酒各1/2大匙/植物油1大匙

-制 作

1. 熟五花肉切成大薄片A；辣白菜去根和老叶，切成小段；葱段、姜块分别洗净，均切成末。
2. 锅置火上，加入植物油烧热，放入葱末、姜末炒香，下入五花肉片、辣白菜段煸炒片刻。
3. 然后加入酱油、料酒、精盐、味精、白糖、大米饭炒拌均匀B，出锅装碗即成。

鱿鱼饭筒

TIME / 40分钟

-原 料-

鲜鱿鱼400克/大米饭300克/猪肉末150克/香菇末、冬笋末各25克/葱末、姜末各5克/料酒、老抽各1小匙/生抽2小匙/蜂蜜4小匙/白糖、植物油各少许

-制 作-

1. 鱿鱼去掉内脏和鱿鱼须，放入沸水锅内焯烫30秒A，捞出成鱿鱼筒。
2. 锅内加入植物油烧热，下入葱末、姜末、猪肉末、料酒炒拌均匀B，放入香菇末和冬笋末煸出香味。
3. 加入少许生抽、白糖和味精炒匀，关火后放入米饭拌匀成馅料。
4. 把馅料酿入鱿鱼筒内C，用牙签串上封住成鱿鱼筒；把老抽、生抽、蜂蜜放在小碗内调拌均匀成酱汁。
5. 锅中加油烧热，放入鱿鱼桶，用小火煎一下，浇淋上酱汁煎透D，取出鱿鱼筒，去掉牙签，切成条E即可。

三椒牛肉饭

-原 料——

大米饭400克/牛肉100克/三色彩椒各1个/鸡蛋2个/洋葱丁、香菇丁各15克/精盐1小匙/酱油1大匙/料酒2小匙/淀粉、胡椒粉、白糖各少许/植物油适量

-制 作——

1. 将牛肉切成小粒A，加入少许鸡蛋液、精盐、料酒和淀粉拌匀B，放入油锅内滑散至熟，捞出。
2. 三色彩椒洗净，放入油锅内炸至外皮涨起，捞出泡入冰水中，撕除外皮，每个横剖两半。
3. 锅中加入植物油烧热，倒入鸡蛋液炒散，下入大米饭、洋葱丁、香菇丁、牛肉、精盐、酱油、料酒、白糖、胡椒粉炒匀，盛入三色彩椒盅内，入蒸锅蒸透即成。

-原 料——

米饭400克/鲜香菇、冬笋、胡萝卜、水芹粒、腌小黄瓜、煮花生米各适量/熟芝麻少许/精盐1/2大匙/味精少许/香油1小匙/植物油适量

-制 作——

1. 鲜香菇去蒂，洗净，切成丁；冬笋、胡萝卜洗净，均切成小丁Ⓐ；腌黄瓜用清水洗净，切成小丁Ⓑ。

2. 锅中加入植物油烧热，下入香菇丁、冬笋丁、胡萝卜丁、水芹粒煸炒Ⓒ，再加入精盐、味精翻炒均匀，关火后放入煮花生米、米饭翻拌均匀。

3. 然后放入腌黄瓜丁，淋入香油、撒上熟芝麻拌匀Ⓓ，团成饭团即可。

飘香八珍饭

-原 料——

大米饭400克/玉米粒、土豆、水发香菇、蜜豆、胡萝卜、午餐肉各适量/葱花15克/精盐、胡椒粉、橄榄油、酱油、白糖、高汤各适量

-制 作——

1. 将土豆、水发香菇、胡萝卜、午餐肉、蜜豆分别洗净，切成小丁Ⓐ，放入沸水锅内焯烫一下，捞出沥水。

2. 锅置火上，加入橄榄油烧至六成热，放入葱花炝锅，加入午餐肉、胡萝卜、玉米、蜜豆炒匀Ⓑ。

3. 加入精盐、酱油、白糖、胡椒粉和高汤烧沸，再放入土豆丁、香菇翻炒均匀，出锅倒在盛有大米饭的碗上，上屉蒸10分钟，出锅上桌即可。

原盅滑鸡饭

-原 料——

大米饭500克/鸡胸肉200克/香菇2朵/姜片5克/大葱15克/蚝油、胡椒粉、香油各1/2小匙/精盐1小匙

-制 作——

1. 鸡胸肉洗净，切成小块Ⓐ；香菇泡软Ⓑ，去蒂，切成斜刀块；大葱洗净，切成3厘米长的小段。
2. 将鸡肉块放入大碗中，加入香菇块、姜片、葱段、蚝油、精盐、胡椒粉和香油拌匀，放入蒸锅中，用旺火蒸8分钟。
3. 取出鸡肉块，倒入砂锅内，加入大米饭拌匀，再用小火焖10分钟即可。

-原 料—

大米饭400克/紫菜2张/虾仁50克/黄瓜、小西红柿、西餐火腿、蟹柳各适量/精盐1小匙/白醋、白糖各1大匙/柠檬汁少许

-制 作—

1. 虾仁去掉沙线，用扦子串上，放入清水锅内焯烫至熟，捞出、过凉，去掉扦子以保证虾仁挺脱、不弯曲。
2. 黄瓜用精盐揉搓一下，放入容器内腌15分钟，用清水洗净，切成条A。
3. 大米饭加入精盐、白醋、白糖、柠檬汁拌匀B；蟹柳切成条状；西餐火腿切成条C；小西红柿切成四瓣。
4. 把竹帘放在案板上，先放上紫菜，在紫菜表面抹上一层大米饭D。
5. 放上黄瓜条、小西红柿、熟虾仁、蟹柳和火腿条E，用竹帘卷好成四喜饭卷，去掉竹帘，切成小块即可。

四喜饭卷

口味：鲜咸味

-原 料——

大米饭400克/瘦猪肉100克/鸡蛋1个/叉烧肉、水发木耳、蟹柳、芥蓝各适量/葱末、姜末、精盐、味精各少许/料酒、酱油各1小匙/白糖1/2小匙/植物油2大匙

-制 作——

1. 瘦猪肉洗净、切成丝，加入料酒、酱油、白糖略腌Ⓐ，入锅煸炒至熟、取出；鸡蛋摊成鸡蛋皮后切成丝；叉烧肉、水发木耳、蟹柳切丝；芥蓝切成片。
2. 净锅置火上，加入植物油烧热，下入葱末、姜末、肉丝、蛋皮、叉烧肉、木耳、蟹柳、芥蓝炒香。
3. 再倒入大米饭Ⓑ，快速翻炒均匀，加入精盐、味精炒匀，出锅装碗即成。

香菇蛋炒饭

TIME / 25分钟　口味：鲜咸味

-原 料—

白米饭300克 / 鲜香菇3朵 / 胡萝卜、生菜各适量 / 鸡蛋1个 / 葱花15克 / 精盐1小匙 / 味精、植物油各适量

-制 作—

1. 香菇剪去根蒂，洗净，切成丁Ⓐ；胡萝卜洗净，切成丁Ⓑ；生菜洗净，切丝；鸡蛋打入碗中搅匀成蛋液。

2. 净锅置火上，加入清水煮沸，下入香菇丁、胡萝卜丁焯烫一下，捞出沥水。

3. 锅中加入植物油烧热，下入蛋液炒至定浆，放入葱花爆香，放入香菇丁、胡萝卜丁、白米饭炒匀，加入精盐、味精调味、撒上生菜丝即成。

-原 料——

大米饭1碗/虾米30克/萝卜干5片/火腿粒10克/鸡蛋1个/葱末15克/精盐1/2小匙/白糖、鸡精各1小匙/植物油4小匙

-制 作——

1. 萝卜干泡软Ⓐ，洗净，切成小粒；虾米用淡盐水泡软Ⓑ，捞出沥水，剁碎；鸡蛋磕入碗中打散，放入大米饭拌匀成黄金饭。

2. 锅中加入植物油烧热，放入黄金饭炒至橙黄色，加入虾米、萝卜干粒、火腿粒炒香。

3. 放入精盐、白糖、鸡精调好口味，撒上葱末炒匀，出锅装盘即可。

萝卜干黄金饭

TIME/15分钟

口味：鲜咸味

-原 料-

大米饭400克/鲜香菇50克/胡萝卜、生菜丝各25克/鸡蛋2个/葱花10克/精盐1小匙/味精1/2小匙/植物油3大匙

-制 作-

1. 鸡蛋磕入碗中，加入少许精盐搅匀成蛋液；香菇去蒂，洗净，切成丁Ⓐ；胡萝卜去皮，洗净，切成丁Ⓑ。
2. 锅中加入清水烧沸，分别放入香菇丁、胡萝卜丁焯透，捞出沥干。
3. 锅中加入植物油烧热，倒入蛋液炒至定浆，再放入葱花炒香，然后加入香菇、胡萝卜、大米饭炒匀，放入精盐、味精、生菜丝炒至入味，出锅装盘即成。

时蔬鸡蛋炒饭

TIME / 20分钟　口味：鲜咸味

-原 料——

大米饭400克/瘦牛肉100克/新鲜蘑菇150克/熟芝麻30克/大葱10克/黑胡椒粉各少许/精盐、酱油、香油各1小匙/植物油1大匙

-制 作——

1. 瘦牛肉去掉筋膜，洗净血污，切成细丝A；鲜蘑菇去蒂，洗净，放入沸水锅内焯烫一下，捞出、过凉，切成丝；大葱洗净，切成末B。
2. 锅中加入植物油烧热，下入葱末炝锅出香味，下入牛肉丝、蘑菇丝炒匀。
3. 加入大米饭炒匀，放入精盐、酱油、黑胡椒粉、熟芝麻炒至入味，出锅装碗即成。

Part 2
爽滑面条我最爱

海鲜伊府面

TIME / 60分钟

-原料-

面粉250克/墨鱼100克/净花蛤150克/净虾仁50克/鲜香菇50克/油菜心75克/鸡蛋3个/葱段、姜片各少许/精盐1小匙/味精少许/料酒1大匙/香油、植物油适量

-制作-

1. 面粉加入鸡蛋、少许清水揉搓成面团，擀成面皮，切成细面条Ⓐ，放入清水锅中煮好，捞出、过凉Ⓑ。
2. 墨鱼洗净，在表面剞上一字刀，片成片；油菜心一分为二Ⓒ；鲜香菇洗净，去掉菌蒂，切成丝。
3. 净锅置火上，加入植物油烧热，加入细面条炸色泽金黄，捞出沥油。
4. 锅中留底油，复置火上烧热，加入葱段、姜片炝锅出香味。
5. 放入花蛤、香菇、墨鱼Ⓓ，加入料酒和少许清水煮3分钟，加入精盐、味精、面条、虾仁、油菜心炒匀Ⓔ，即可。

-原 料

面条500克／猪排骨200克／油菜75克／葱段、姜片、蒜片、花椒、八角、干辣椒段、味精、白糖、料酒各适量／精盐1小匙／酱油1大匙／植物油2大匙

-制 作

1. 油菜洗净，根部剞上花刀Ⓐ，放入沸水锅内略焯，捞出、过凉；猪排骨剁成块，焯烫5分钟，捞出。
2. 锅中加入植物油烧热，下入葱段、姜片、蒜片、八角炝锅Ⓑ，放入排骨、花椒、辣椒、酱油、精盐、白糖、料酒、清水用旺火烧沸，转小火焖煮1小时Ⓒ。
3. 待排骨酥烂时，捞出杂质成浇汁；把面条煮熟，捞出装碗，放上油菜和排骨，淋上浇汁Ⓓ即可。

-原 料——

鸡蛋面200克/猪瘦肉150克/水发香菇、胡萝卜丝、冬笋丝、青椒、红椒、洋葱、油菜心各适量/精盐2小匙/料酒1大匙/胡椒粉、香油各少许/植物油适量

-制 作——

1. 水发香菇去蒂，洗净，切成丝Ⓐ；洋葱、青、红椒均洗净，切成丝Ⓑ；猪瘦肉洗净，切成细丝。
2. 鸡蛋面放入清水锅内煮熟Ⓒ，捞出、过凉，放入油锅内煎至金黄色Ⓓ，捞出，放在盘内。
3. 锅中留底油烧热，加入洋葱丝、猪肉丝炒散，加入香菇丝、胡萝卜丝、冬笋丝、青红椒丝炒匀，加入料酒、胡椒粉、精盐、味精和香油，浇在鸡蛋面上即可。

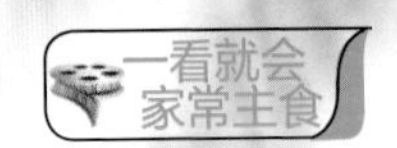

-原 料——

面粉500克 / 水发白蘑、猪瘦肉各50克 / 青椒25克 / 葱丝、姜丝各10克 / 精盐1小匙 / 味精、鸡精各1/2小匙 / 酱油、料酒各2小匙 / 鸡汤300克 / 花椒油3大匙

-制 作——

1. 面粉加入清水和成面团，稍饧，擀成大片，切成面条，放入沸水中煮至熟A，捞出、装入碗中；猪肉、水发白蘑、青椒分别洗净，切成丝B。
2. 锅中加入花椒油烧热，放入猪肉丝炒至熟，再放入葱丝、姜丝、料酒、酱油炒香。
3. 下入白蘑丝、鸡汤、青椒、精盐、鸡精、味精烧沸，用水淀粉勾芡成卤汁，出锅浇入面条碗中即成。

-原 料——

面粉150克/羊肉75克/青椒、菠菜各30克/蒜片10克/精盐、味精、五香粉各1/2小匙/料酒、酱油各2小匙/米醋1小匙/植物油40克

-制 作——

1. 面粉加入清水和成面团，饧10分钟，擀成面片，切成面条，下入沸水锅中煮至熟A，捞出、投凉，沥水。
2. 羊肉剔去筋膜，洗净，切成丝；青椒去蒂及籽，洗净，切成丝B；菠菜择洗干净，切成小段。
3. 锅中加入植物油烧热，下入羊肉丝煸炒，放入蒜片、五香粉、料酒、酱油、青椒丝、菠菜段和面条稍炒，加入精盐、米醋、味精炒匀，出锅装盘即成。

原料

面条250克/文蛤100克/夏威夷贝、鲜带子各50克/大虾2只/海带结、鲜芦笋各适量/葱丝、姜丝、胡椒粉、精盐、味精各少许/料酒1大匙/高汤3杯/植物油适量

制作

1. 大虾去虾须，洗净，除去沙线A；文蛤放入清水盆内，使其吐净泥沙B；夏威夷贝、鲜带子去除杂质，洗净。
2. 芦笋去根，洗净，切成小段C；海带结放入蒸锅内蒸10分钟，取出。
3. 锅中加入适量清水烧沸，下入面条煮5分钟至熟，捞出、装碗
4. 锅中加入植物油烧热，下入葱丝、姜丝炒香D，烹入料酒，加入高汤烧沸，放入文蛤和大虾煮至熟。
5. 放入夏威夷贝、鲜带子、海带结、鲜芦笋稍煮E，加入精盐、味精、胡椒粉调好口味，倒在面条碗内即成。

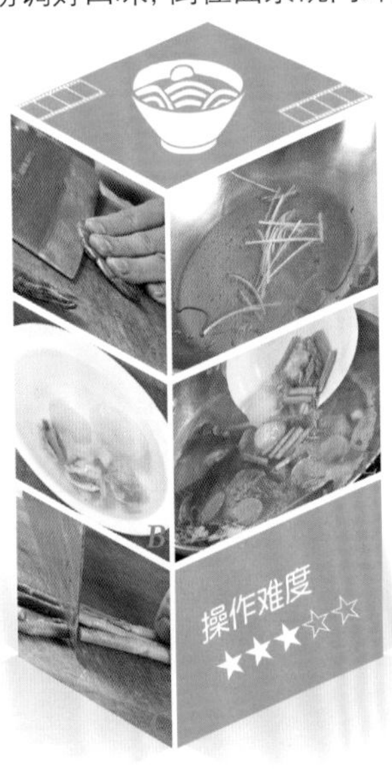

文蛤海鲜面

-原 料——

面粉300克/牛肉100克/青椒、红椒丝各25克/葱丝、姜丝各10克/精盐1小匙/味精1/2小匙/料酒、酱油各2小匙/肉汤、植物油各适量

-制 作——

1. 牛肉洗净，切成细丝Ⓐ；面粉用凉水加入少许精盐和成硬面团、揉匀，再擀成大片，折叠后切成面条。

2. 锅中加入适量清水烧沸，下入面条煮熟Ⓑ，捞出投凉，沥去水分。

3. 锅中加入植物油烧热，放入葱丝、姜丝炒香，下入牛肉丝略炒，烹入料酒，加入肉汤、精盐、酱油、味精、面条、青椒、红椒丝炒匀，出锅装碗即可。

咖喱牛肉面

TIME / 75分钟　口味：咖喱味

-原 料——

细面条800克/牛肉250克/葱末25克/咖喱粉2小匙/精盐1大匙/味精1小匙/植物油3大匙

-制 作——

1. 牛肉洗净，切成大块Ⓐ，放入沸水锅中煮约45分钟至牛肉八分熟，捞出沥干，切成薄片。
2. 锅中加入植物油烧热，放入葱末略炒，再加入咖喱粉、煮牛肉的原汤和牛肉片煮约10分钟，捞出。
3. 锅中加入清水烧沸，放入细面条煮熟Ⓑ，捞入面碗中，放上熟牛肉片，加入精盐、味精和煮沸的咖喱牛肉汤拌匀，即可上桌。

原料

意大利面、牛肉末、干香菇、蟹味菇、菠菜、洋葱末各适量／精盐1小匙／味精、黑胡椒粉各1/2小匙／白兰地酒2小匙／黄油3小块

制作

1. 干香菇放入粉碎机中粉碎，取出，加入适量开水泡开；菠菜洗净，切成小段；蟹味菇去根，洗净。
2. 锅中加入黄油、洋葱末炒香，加入牛肉末炒散Ⓐ，放入蟹味菇煸炒至干香，倒入香菇粉炒匀，加入精盐、黑胡椒粉、味精调好口味，烹入白兰地酒，关火。
3. 意大利面放入清水锅内煮熟Ⓑ，放入菠菜段烫至嫩，捞出沥水，放入碗中Ⓒ，加入一小块黄油烫化并且拌匀，装入大盘中，盛上炒好的蘑菇料即可。

-原 料——

黑米面条400克／羊肉150克／番茄、油菜、冬瓜各75克／葱丝、姜丝各10克／精盐1小匙／味精、白糖各少许／鲜汤500克／香油1大匙／植物油2大匙

-制 作——

1. 番茄洗净，切成小块；油菜择洗干净Ⓐ，切成段；冬瓜洗净，切成象眼块；羊肉洗净，切成小块。
2. 锅中加油烧热，下入葱丝、姜丝炒香，放入羊肉块炒至变色，烹入料酒、鲜汤，下入冬瓜、油菜、番茄、精盐和白糖烧沸，放入黑米面条，小火焖至熟Ⓑ。
3. 用筷子将黑米面条与菜挑匀，盖上锅盖，继续焖至面条熟透，加入味精，淋入香油，出锅装碗即成。

意式肉酱面 DVD

TIME / 25分钟

-原 料—

意大利面400克／西红柿75克／牛肉馅100克／洋葱50克／西芹、胡萝卜各25克／姜末10克／番茄酱4小匙／酱油3小匙／黑胡椒少许／蒜蓉、芝士粉各适量

-制 作—

1. 西芹洗净，切成末A；胡萝卜、洋葱均洗净，切成末B；西红柿洗净，切丁。
2. 锅置火上，放入黄油、洋葱、姜末、芹菜、胡萝卜末炒香C，放入牛肉馅炒至变色D，放入西红柿丁炒匀。
3. 加入番茄酱、酱油、黑胡椒和适量清水炒匀，改用小火煮约20分钟至浓稠成肉酱汁E，出锅倒在容器内。
4. 锅置火上，加入清水烧沸，放入意大利面煮约15分钟至熟，捞出。
5. 平锅放入黄油和蒜蓉炒出香味，倒入意面炒匀，出锅放在容器内，浇上肉酱汁，撒上芝士粉即可。

羊肉烩面

-原 料——

玉米面条200克/熟羊肉100克/黄花菜、韭薹段各25克/木耳15克/香菜段10克/葱花、姜丝各15克/料酒、酱油各2小匙/精盐、味精、羊骨汤、辣椒油、香油各适量

-制 作——

1. 熟羊肉切成小丁A；黄花菜用沸水焯透，捞出沥干，切成小段；木耳浸泡至发涨，去蒂，撕成小块。
2. 锅中加入羊骨汤烧沸，下入玉米面条B，用筷子轻轻拨散，加入料酒、酱油、精盐、木耳块煮沸。
3. 待煮至玉米面条微熟，下入羊肉丁、黄花菜、韭薹段煮至面条软熟，加入味精，淋入辣椒油、香油，出锅装碗，撒上香菜段、葱花、姜丝即成。

-原 料——

刀切面500克/猪五花肉300克/茄子200克/葱段、姜块各10克/桂皮1小块/八角2粒/干辣椒3个/精盐、味精、白糖各少许/黄酱2大匙/花椒油1大匙/植物油适量

-制 作——

1. 猪五花肉切成小块Ⓐ；茄子去蒂，洗净，切成滚刀块，放入油锅内煎炒至金黄色Ⓑ，盛出。
2. 锅中加油烧热，放入五花肉块煸炒Ⓒ，下入葱段、姜块、沸水、黄酱、桂皮、八角、干辣椒，小火炖熟，放入茄子块，加入精盐、白糖、味精炖5分钟，盛出。
3. 净锅加入适量清水煮沸，下入刀切面煮熟Ⓓ，捞入面碗中，加入炖肉卤，淋上花椒油即可。

辣子鸡块面

TIME / 35分钟　口味：鲜辣味

原 料

净仔鸡600克 / 面条300克 / 干辣椒10克 / 鸡蛋2个 / 精盐、味精各1/2小匙 / 花椒1小匙 / 料酒1大匙 / 酱油2大匙 / 鸡汤500克 / 植物油3大匙

制 作

1. 仔鸡洗净，剁成小块，下入沸水锅内焯烫至熟透Ⓐ，捞出沥水；锅中加上清水烧沸，下入面条，用筷子轻轻拨散Ⓑ，用中火煮至软熟，捞出、投凉，装盘。

2. 锅中加入植物油烧热，下入干辣椒、花椒炸香，烹入料酒、酱油，下入鸡块炒至变色。

3. 加入鸡汤和少许精盐烧沸，改用小火焖至熟烂，加上味精调匀，出锅浇在面条上即成。

-原 料——

面粉200克/鸡胸肉50克/鹿茸5片/水发海米10克/油菜15克/葱丝、姜丝、精盐、酱油、花椒水、味精、鸡汤、植物油、香油各适量

-制 作——

1. 鸡胸肉切成丝Ⓐ，放入沸水锅内焯烫至熟，捞出；油菜洗净，切成丝，放入沸水中焯烫一下，捞出。

2. 面粉加上温水和成面团，擀成大薄片，切成细扁条，放入沸水中煮熟Ⓑ，捞出过凉，装入碗内。

3. 锅中加入植物油烧热，爆香葱丝、姜丝，加入鸡汤、鹿茸片烧沸，放入鸡肉丝、海米、精盐、酱油、花椒水、味精、油菜、香油调匀，浇在面条上即成。

-原 料——

切面300克/西红柿100克/黄瓜50克/鸡蛋1个/水发木耳25克/精盐1小匙/味精1/2小匙/白糖2小匙/水淀粉2大匙/植物油适量

-制 作——

1. 黄瓜洗净，切成小片；水发木耳撕成小块；西红柿放入沸水中浸烫一下，捞出、去皮，切成小块Ⓐ。
2. 鸡蛋放入热油锅中稍炒Ⓑ，再放入西红柿块、木耳块炒匀。
3. 加入精盐、白糖及适量清水烧沸，用水淀粉勾芡，出锅装碗，放入黄瓜片拌匀成鸡蛋西红柿卤Ⓒ。
4. 锅中加入清水烧沸，放入面条煮至八分熟Ⓓ，捞出过凉，沥水，装入碗中Ⓔ，加入植物油拌匀，装入盘中。
5. 锅中加油烧热，放入面条略煎，出锅装盘，浇入鸡蛋西红柿卤，即可上桌。

番茄蛋煎面

口味：鲜咸味 

原料

宽面条300克/羊肉150克/洋葱50克/青椒、红椒各30克/姜丝少许/精盐1/2小匙/味精、白糖各适量/孜然粉1大匙/辣椒粉2小匙/五香粉少许/植物油2大匙

制作

1. 羊肉去掉筋膜，洗净，切成细丝；青椒、红椒、洋葱分别洗净，均切成丝A；把宽面条放入清水锅内煮至熟B，捞出沥水。
2. 锅中加入植物油烧热，放入羊肉丝炒至熟，下入辣椒粉、姜丝、洋葱丝、青椒丝、红椒丝炒匀。
3. 放入宽面条，加入孜然粉、精盐、白糖、五香粉、辣椒粉炒匀入味，加入味精调匀，出锅装盘即可。

-原 料——

玉米面条200克/熟猪肘肉150克/木耳、香菜各少许/葱末、姜末、精盐、味精、料酒、香油、白胡椒粉、鸡汤各适量

-制 作——

1. 将熟猪肘肉切成薄片Ⓐ；木耳泡发回软，择洗干净，撕成小块；香菜洗净，切成小段。
2. 锅中加入植物油烧热，放入葱末、姜末炒香，烹入料酒，添入鸡汤，加入猪肘肉、木耳块煮沸。
3. 下入玉米面条煮约6分钟Ⓑ，倒入砂锅中，加入精盐、味精续煮2分钟，再撒入白胡椒粉、香菜段，淋入香油，直接上桌即可。

-原 料

面粉300克/熟鸡肉丝150克/黄瓜丝50克/熟芝麻少许/辣椒酥30克/葱姜末、蒜蓉、花椒粉、味精各少许/精盐、米醋、白糖、番茄酱、酱油、芝麻酱、植物油各适量

-制 作

1. 碗中加入芝麻酱、米醋、酱油、精盐、味精、白糖、姜末、蒜蓉、花椒粉拌匀，浇入热植物油搅匀成味汁。

2. 面粉放入大碗中A，加入清水、番茄酱、精盐揉成面团，饧30分钟，擀成大薄片，切成细条B。

3. 锅中加入清水烧沸，放入番茄面条煮熟C，捞入大碗中，淋入少许香油拌匀、晾凉，装入盘中，再放上黄瓜丝、熟鸡肉丝，浇上味汁，撒上葱末即可。

-原 料——

细面条500克 / 猪肉100克 / 蛋皮丝25克 / 水发木耳丝50克 / 葱丝25克 / 姜末10克 / 精盐2小匙 / 味精1小匙 / 酱油1大匙 / 植物油、香油各2大匙

-制 作——

1. 猪肉洗净，切成细丝A；锅中加入适量清水烧沸，放入面条煮至熟B，捞出、装碗。

2. 锅中加入植物油烧至七成热，放入猪肉丝煸炒至断生，加入葱丝、姜末、酱油煸炒至入味，然后放入水发木耳丝炒至上色。

3. 加入清水烧沸，放入精盐、味精、香油，撒入蛋皮丝制成三丝面卤，出锅装入面条碗中即成。

翡翠拨鱼

TIME / 45分钟

-原 料—

菠菜200克/猪肉末150克/面粉100克/茄子、绿豆芽各75克/青椒、红椒各25克/鸡蛋1个/葱末、姜末各10克/精盐、胡椒粉、酱油、料酒、植物油、花椒油各适量

-制 作—

1. 菠菜洗净，放入粉碎机中，加入鸡蛋、精盐、料酒和清水搅打成泥A，取出，拌入面粉成糊状，饧20分钟。
2. 茄子去皮，切成小丁B；青椒、红椒切成丁；猪肉末放碗内，加入少许料酒、酱油、胡椒粉、植物油拌匀C。
3. 锅内放油烧热，加入姜末炝锅D，放入肉末、茄子丁、清水炒5分钟，加入酱油、精盐、胡椒粉和味精炒匀E。
4. 加入青椒丁、红椒丁炒匀，出锅后淋上烧热的花椒油成面卤。
5. 锅中加入清水和精盐煮沸，用筷子拨入面糊成拨鱼，加入绿豆芽稍煮，出锅装碗，淋上面卤即成。

-原 料——

面条200克/鱿鱼100克/水发海米、青椒各50克/葱末、姜末各10克/料酒、酱油各2小匙/精盐、鸡精各1小匙/胡椒粉少许/植物油100克

-制 作——

1. 青椒洗净，切成细丝Ⓐ；鱿鱼洗净，切成丝，放入热油锅内，加入葱末、姜末炒香，烹入料酒、酱油，下入水发海米、青椒丝、精盐烧沸，出锅装碗。
2. 锅中加入植物油烧热，放入面条Ⓑ煎至两面呈微黄色，再倒入炒好的菜及汤汁炒匀，盖上盖。
3. 然后用小火焖至汤汁将尽，加入鸡精、胡椒粉拌匀匀，出锅装盘即可。

-原 料—

意大利面300克/鲜墨斗鱼100克/黄瓜丝50克/白梨25克/熟芝麻15克/葱末、蒜末各15克/精盐、白糖、白醋、香油各2小匙/味精1小匙/韩式辣酱2大匙/辣椒油4小匙

-制 作—

1. 将鲜墨斗鱼洗涤整理干净，切成细丝；白梨去核、切丝A；蒜末、葱末、韩式辣酱、精盐、香油、辣椒油、白醋、味精、熟芝麻搅拌均匀成酱汁B。
2. 锅中加入清水、精盐煮沸，放入意大利面煮熟C，加入墨鱼丝煮至熟透，捞出，装入碗中、晾凉。
3. 加入调好的酱汁调拌均匀D，装入大盘中，撒上黄瓜丝、白梨丝，即可上桌。

韩式拌意面

-原 料——

玉米面条200克 / 豆腐100克 / 水发木耳、韭菜段、鲜虾仁各30克 / 姜末、精盐、味精、料酒、酱油各少许 / 甜面酱、香油、植物油各适量 / 鲜汤100克

-制 作——

1. 豆腐放入沸水锅内焯透，捞出沥水，晾凉，切成小丁Ⓐ；水发木耳择洗干净，撕成小片。
2. 锅内加上清水煮沸，下入玉米面条烧沸Ⓑ，点入凉水，盖上盖，再沸时，捞出投凉、沥水，放入碗内。
3. 锅内加入植物油烧热，下入豆腐略煎，放入木耳、姜末、料酒、酱油、精盐、甜面酱、鲜汤煮沸，下入虾仁、韭菜、味精，淋入香油，浇在面条上即成。

-原 料—

富强粉200克 / 鸡蛋2个 / 鳝鱼丝25克 / 笋丝10克 / 葱丝、精盐、味精、酱油、料酒、干团粉、植物油各适量 / 鸡汤125克

-制 作—

1. 酱油、精盐、味精、鸡汤放入碗中调成味汁；富强粉放入盆中，加入鸡蛋调和成面团Ⓐ，揉匀后擀成面片，切成丝，放入清水锅内煮熟Ⓑ，捞入味汁碗内。
2. 净锅置火上，加入植物油烧热，下入葱丝炒香，放入鳝鱼丝、笋丝略炒，烹入料酒。
3. 加入酱油，添入鸡汤，放入味精炒匀，出锅浇在面条上即成。

-原 料

面粉250克/菠菜、白菜丝各150克/熟芝麻50克/鸡蛋2个/胡萝卜丝少许/蒜末25克/精盐、芥末酱、白糖、豆瓣酱、酱油、芝麻酱、香油、米醋各适量

-制 作

1. 菠菜洗净，放入沸水锅中焯烫一下，捞出、过凉，放入搅拌器内A，加入鸡蛋和精盐搅打成菠菜鸡蛋泥。
2. 面粉放入容器中，倒入菠菜鸡蛋泥B，和成面团C，擀成面片，切成面条D。
3. 锅置火上，加入香油烧热，倒入豆瓣酱煸炒至熟，出锅盛入大碗中。
4. 加入芝麻酱、酱油、米醋、白糖、精盐、芥末酱调匀E，放入熟芝麻和蒜末调拌均匀成味汁。
5. 锅中加入清水烧沸，下入面条煮熟，捞出、过凉，放入碗中，加入白菜丝、胡萝卜丝，带味汁一起上桌即可。

翡翠凉面拌菜心

口味：鲜咸味

-原 料-

黑面条200克／水发海参、水发鱿鱼、鲜虾仁各50克／菠菜20克／葱末、姜末、精盐、味精、白糖、鸡精、米醋、料酒、鲜汤、植物油各适量

-制 作-

1. 水发海参、水发鱿鱼分别洗净，切成小条A；鲜虾仁去掉沙线，洗净；菠菜择洗干净，切成小段B；黑面条放入清水锅中煮熟，捞出沥水。
2. 锅中加入植物油烧热，下入葱末、姜末炒香，下入海参条、鱿鱼条、虾仁炒至熟。
3. 烹入料酒、米醋、鲜汤，放入熟面条、菠菜段、精盐、白糖、鸡精炒匀，加入味精，出锅装盘即可。

-原 料——

熟面条200克/净鸡胸肉、水发鱿鱼丝、净虾仁各50克/香菇丝、胡萝卜丝、青椒丝各25克/鸡蛋清1个/葱末、姜末、精盐、鸡精、味精、胡椒粉、酱油、料酒、淀粉、鸡汤、植物油各适量

-制 作——

1. 鸡胸肉切丝Ⓐ，与净虾仁一起放入碗中，加入鸡蛋清、淀粉拌匀，放入温油锅内滑熟Ⓑ，捞出。

2. 锅中留底油烧热，下入葱姜末炒香，下入鱿鱼丝、料酒、香菇丝、胡萝卜丝、青椒丝、酱油、精盐、鸡精、胡椒粉、鸡汤、鸡丝、虾仁烧沸，出锅装碗。

3. 锅中加入植物油烧热，下入熟面条炒散，加入什锦料略炒一下，加入味精拌匀，出锅装盘即成。

-原 料——

黑米面条200克／熟鸡肉丝、熟火腿丝、黄瓜丝、黄花菜、胡萝卜、香菜叶各适量／蒜末20克／精盐、白糖各1小匙／味精1/2小匙／芝麻酱2大匙／熏醋、辣椒油、花椒油各2小匙

-制 作——

1. 胡萝卜去皮，洗净，切成细丝A；黄花菜去根，洗净，用沸水焯至熟透，捞出沥水。

2. 芝麻酱放小碗内，加上温开水、精盐搅成稀糊状，加入熏醋、味精、白糖、辣椒油、花椒油调成汁。

3. 锅中加上清水烧沸，下入黑米面条煮至熟B，捞入碗中，码上熟鸡肉丝、黄花菜、黄瓜丝、胡萝卜丝、熟火腿丝，浇上调好的汁，撒上蒜末、香菜叶即成。

麻香什锦拌面

TIME / 20分钟

口味：麻香味

-原 料——

玉米面条200克/水发海带、绿豆芽各75克/辣白菜50克/香菜15克/蒜末15克/精盐1/2小匙/味精少许/白糖、酱油各2小匙/米醋、香油、辣椒油各1大匙

-制 作——

1. 水发海带切成细丝Ⓐ，绿豆芽洗净，全部放入沸水锅内焯透，捞出、投凉；香菜洗净，切成小段。

2. 小碗内加入酱油、米醋、精盐、白糖、味精、蒜末、香油、辣椒油及少许清水调成酸辣汁。

3. 锅中加上清水煮沸，下入玉米面条煮至熟Ⓑ，捞出、投凉，放入大碗内，加上海带丝、绿豆芽、辣白菜、香菜段，浇入酸辣汁拌匀即成。

-原 料——

冷面500克 / 熟牛肉75克 / 熟鸡蛋1个 / 香菜25克 / 熟芝麻仁20克 / 味精1/2小匙 / 白糖4小匙 / 酱油、白醋、香油各2小匙 / 辣椒油2大匙

-制 作——

1. 冷面放入温水盆内泡至回软；熟牛肉切成大片A；熟鸡蛋切成两瓣；香菜洗净，切成小段。

2. 凉开水放容器内，放入白糖、白醋、酱油、味精、香油拌匀成味汁。

3. 锅中加入清水煮沸，下入冷面煮熟B，捞出、投凉，放入大碗中，放上牛肉片、熟鸡蛋，撒上香菜段、熟芝麻仁，淋入辣椒油，浇上味汁即成。

Part 3

包子饺子最好吃

特色大包子

TIME / 30分钟

口味：鲜咸味

原料

发酵面团400克/五花肉丁200克/水发香菇丁、冬笋丁、四季豆末各75克/鸡蛋1个/葱花、姜末10克/黄酱、酱油、精盐、淀粉、白糖、料酒、香油、水淀粉、植物油各适量

制作

1. 冬笋洗净，切碎A；五花肉丁放容器内，加入鸡蛋、淀粉搅匀B。
2. 锅中加入植物油烧至六成热，放入葱花炒出香味，放入肉丁、香菇、冬笋、料酒、四季豆炒匀C，出锅。
3. 锅中加入少许油烧热，烹入料酒，加入黄酱、酱油炒匀。
4. 加入清水、白糖、胡椒粉和炒好的原料调匀，用水淀粉勾芡，关火，淋入香油后出锅，晾凉成馅料。
5. 发酵面条下剂子，擀成面皮D，包入馅料成包子生坯E，稍饧5分钟，放入蒸锅内蒸10分钟至熟即可。

-原 料

面粉500克/老酵面50克/猪肉350克/姜、葱各10克/白糖少许/酱油2大匙/料酒1大匙/香油适量

-制 作

1. 葱、姜均洗净，切成碎末A；猪肉洗净，剁成小粒B，加入少许酱油拌匀，再剁成细末，加入葱末、姜末、白糖、料酒、酱油及清水搅匀，加入香油拌匀成馅料。
2. 面粉、老酵面加入温水和匀，揉搓均匀成面团，稍饧，将面团搓成长条，下成小面剂。
3. 把小面剂擀成面皮，包入馅料，捏合接口，入笼蒸15分钟至熟即成。

-原 料——

发酵面团400克/梅干菜150克/猪肉馅100克/冬笋25克/葱末50克/姜末10克/味精、胡椒粉、香油各少许/白糖2小匙/料酒、酱油各2大匙

-制 作——

1. 梅干菜用清水浸泡，换清水反复洗净，捞出沥水，切成碎粒Ⓐ；冬笋洗净，切成碎末。
2. 猪肉馅加上料酒拌匀Ⓑ，下入热锅中翻炒，加入梅干菜末、姜末、冬笋末、葱末、酱油、白糖、胡椒粉炒至入味Ⓒ，出锅、晾凉，加入香油拌匀成馅料。
3. 发酵面团揪成小面剂，擀成面皮，放上馅料，捏褶收口成包子生坯，放入沸水锅中蒸熟Ⓓ即成。

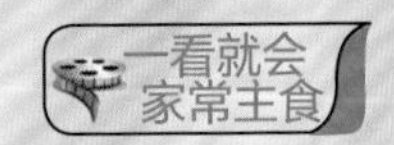

鲜汁包子

-原 料——

面粉400克／羊肉末350克／黄瓜150克／酵面100克／海米30克／精盐1大匙／鸡汤150克／味精1小匙／香油4小匙／食用碱面少许

-制 作——

1. 把面粉、酵面、食用碱面放在容器内A，加入温水和成面团，略饧，搓成长条，揪成小面剂。
2. 海米用温水泡透，剁成末；黄瓜洗净，切成末B；羊肉末加入料酒、鸡汤、泡海米的原汁搅匀，再加入海米、黄瓜、精盐、味精、香油拌匀成馅料。
3. 把面剂压扁，擀成面皮，包入馅料，捏成圆形包子生坯，摆入蒸锅内，用旺火蒸15分钟至熟即成。

-原 料——

发酵面团450克 / 韭菜350克 / 猪五花肉150克 / 葱末、姜末各10克 / 精盐、香油各2小匙 / 黄酱1小匙

-制 作——

1. 猪五花肉去掉筋膜，洗净血污，擦净水分，剁成肉蓉；韭菜择洗干净，切成碎末Ⓐ。
2. 将猪肉蓉、韭菜碎末一起放入小盆中Ⓑ，加入香油、黄酱、精盐、葱末、姜末搅拌均匀成肉馅。
3. 把发酵面团分为4份，搓成小条、下成面剂，擀成中间稍厚，四周稍薄的圆皮，包入馅料，上笼用旺火蒸20分钟，取出装盘即成。

-原 料——

发酵面团500克／小白菜、水发粉丝各100克／鲜香菇80克／虾皮50克／葱末10克／姜末5克／精盐、味精各1/2小匙／香油2小匙／植物油适量

-制 作——

1. 小白菜洗净，放入沸水锅中焯烫，取出、过凉，切成碎末A；鲜香菇洗净，切成小粒；水发粉丝切成小段。
2. 净虾皮放入热锅中炒出香味，再加入少许植物油炸香，取出。
3. 小白菜末放入盆中，加入香菇粒、粉丝段、虾皮、味精、精盐、香油搅拌均匀成馅料B。
4. 发酵面团揉匀，搓条、下剂，擀成薄皮，包入馅料成水煎包生坯C。
5. 平底锅置火上，放入水煎包D，淋入少许植物油、清水烧沸，盖上锅盖，煎焖至水分收干，撒上葱末E即可。

小白菜馅水煎包

口味：鲜咸味

-原 料——

面粉、驴肉各400克/泡打粉少许/葱末、姜末各15克/精盐、味精、胡椒粉、十三香、料酒、老抽、高汤、熟鸡油各适量

-制 作——

1. 一半的面粉放容器内，加入热水烫一下，再加上另一半面粉、泡打粉和适量冷水和成面团，略饧A。

2. 驴肉剁成碎末B，放在大碗内，加入料酒搅匀，加入高汤、精盐、味精、胡椒粉、十三香、老抽、熟鸡油搅匀至上劲，制成馅料。

3. 面团搓成长条，揪成剂子，擀成圆皮，包入馅料，捏成包子坯，摆入蒸锅内蒸15分钟至熟，取出即成。

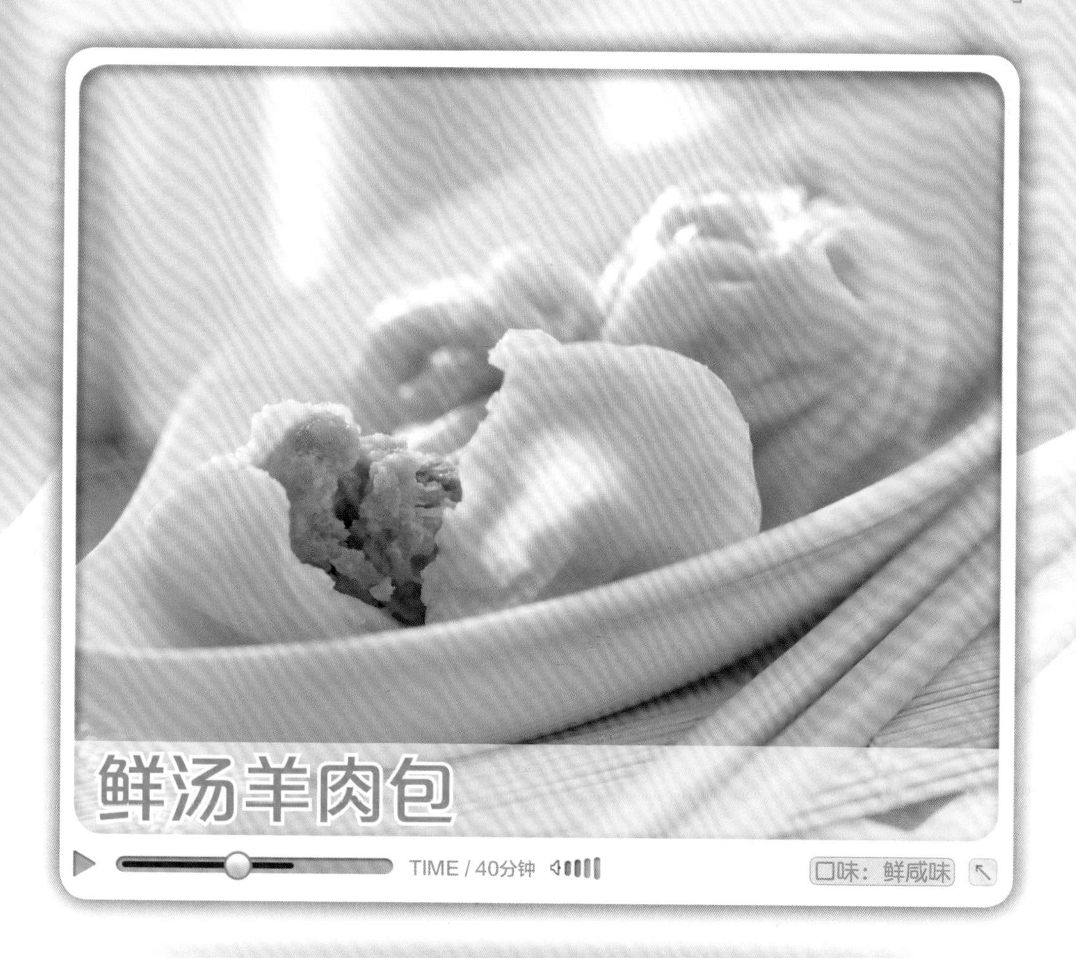

-原 料—

面粉500克/羊肉400克/鸡汁冻200克/葱末、姜末各50克/精盐、味精、五香粉各少许/料酒2小匙/酱油、香油各1大匙/熟猪油2大匙

-制 作—

1. 面粉加入适量的温水和成面团A，揉匀后略饧，搓成长条，揪成面剂；鸡汁冻切成碎粒。
2. 羊肉去掉筋膜，剁成末B，加入料酒、酱油、葱末、姜末、香油、熟猪油、精盐、味精、五香粉调匀，再加入鸡汁冻碎粒，调匀成馅料。
3. 把面剂擀成圆皮，抹上馅料，提褶收口，捏严成包子坯，摆入蒸锅内，用旺火蒸15分钟至熟即成。

原 料

鲜面粉400克／韭菜200克／胡萝卜75克／鸡蛋2个／炸粉丝少许／精盐1大匙／味精少许／香油、植物油各适量

制 作

1. 炸粉丝擭碎；韭菜去根，洗净，切成碎粒；胡萝卜去皮，切成膜；鸡蛋放热油锅内炒熟，取出、晾凉。
2. 将韭菜碎、粉丝碎、胡萝卜末、鸡蛋放容器内，加入精盐、味精、香油调匀成馅料A。
3. 面粉加入适量温水揉搓成面团，搓成长条、下小面剂B，擀成薄皮，包入馅料成生坯，放入抹有植物油的平锅内煎至熟香，出锅装盘即成。

操作难度 ★★★☆☆

-原 料——

发酵面团250克／羊肉50克／葱末10克／精盐2小匙／酱油1小匙／味精少许／植物油2小匙

-制 作——

1. 将羊肉去掉筋膜，洗净血污，擦净水分，剁成末，放入大碗内，加入精盐、酱油、葱末、味精和少许清水，搅匀成馅料A。
2. 发酵面团放在案板上，揉搓成长条B，揪成6个面剂，然后按扁成面皮，包入馅料，捏严收口成生坯。
3. 平底锅烧热，加入植物油，放入生坯，中火煎至两面金黄发脆、熟透，出锅装盘即成。

羊肉胡萝卜锅贴

TIME / 60分钟

-原 料-

面粉300克/胡萝卜200克/羊肉馅100克/芹菜50克/鸡蛋1个/精盐、味精各少许/料酒、香油各4小匙/酱油1大匙/五香粉2小匙/植物油适量

-制 作-

1. 胡萝卜洗净，用礤板擦成细丝；芹菜洗净，切成细末A，放入盛有胡萝卜丝的碗中搅拌均匀。
2. 羊肉馅放大碗中B，加入五香粉、料酒、鸡蛋液、香油、酱油、味精拌匀。
3. 放入胡萝卜丝和芹菜末搅匀C，制成馅料，放入冰箱冷藏30分钟。
4. 面粉加入清水调匀，揉搓成面团，每15克下一个面剂，擀成圆形面皮，中间包入馅料D，捏成锅贴生坯。
5. 锅贴生坯整齐地摆放在电饼铛中，加入少许植物油、清水E，盖上盖，烙10分钟至熟嫩，出锅装盘即可。

-原 料——

发酵面团400克／猪肉末300克／白菜末200克／葱末、姜末各15克／酱油4小匙／精盐、味精各1小匙／十三香粉少许／香油1大匙／植物油、香油、鲜汤各适量

-制 作——

1. 猪肉末剁细Ⓐ，放在容器内，加入所有调料（不加油）搅匀Ⓑ，再加入白菜末调匀成馅料。

2. 发酵面团揪成剂子Ⓒ，擀成圆皮，抹上馅料，收拢包成馒头状包子坯；少许面粉加清水调成稀水糊。

3. 平底锅加植物油烧热，摆入生坯烙成金黄色，淋上少许清水，盖上锅盖；水干时淋上稀水糊，烙至底面成一层薄锅巴，刷上香油焖至熟，铲入盘内即成。

-原 料——

馄饨皮10张／猪肉末250克／炒糯米75克／冬笋末、香菇末、青豆各适量／葱末、姜末各10克／八角、桂皮各少许／精盐、白糖、胡椒粉各1小匙／料酒、酱油、香油、植物油各1大匙

-制 作——

1. 锅中加入植物油烧热，加入葱末、姜末、八角、桂皮炒香，放入香菇末、冬笋末、猪肉末炒至变色Ⓐ。
2. 放入料酒、胡椒粉、酱油和清水煮出香味，加入白糖和味精调匀，加入炒糯米拌匀Ⓑ，出锅后放入蒸锅内蒸10分钟Ⓒ，取出、晾凉，加入香油拌匀成馅料。
3. 将拌好的馅料用馄饨皮包好成烧卖生坯Ⓓ，中间放一粒青豆，放入蒸锅内蒸至熟，出锅装盘即可。

混汤包子

-原 料——

面粉200克／羊肉末150克／洋葱末50克／香菜段15克／姜末10克／精盐、排骨精各1小匙／味精、料酒、酱油各1/2大匙／香油1大匙／鸡清汤500克

-制 作——

1. 面粉放入容器内，用开水烫透，和成面团；羊肉末加入料酒、酱油、姜末、羊葱末及少许精盐、味精、香油、鸡清汤搅匀成馅料Ⓐ。

2. 面团搓成长条，下小面剂Ⓑ，擀成圆皮，包入馅料，捏成包子生坯，入锅蒸10分钟取出，撒上香菜段。

3. 锅内加入鸡清汤、精盐、味精、排骨精煮沸，倒入盛有包子的碗内，淋入香油即成。

-原 料——

面粉500克/水发海参、水发鱿鱼、鲜虾仁各200克/葱末75克/姜末50克/精盐1/2小匙/鸡精1小匙/泡打粉2小匙/胡椒粉适量/料酒1大匙/熟猪油3大匙

-制 作——

1. 把面粉、泡打粉一同放入容器中Ⓐ，加入适量温水和成软面团Ⓑ，稍饧。
2. 水发海参、水发鱿鱼、鲜虾仁均洗净，剁成碎末，放入容器内，加入葱末、姜末、精盐、料酒、鸡精、胡椒粉、熟猪油拌匀成馅料。
3. 面团搓成长条，下剂子，放入馅料，包成包子生坯，再入锅用旺火蒸15分钟至熟，取出上桌即可。

-原 料-

面粉400克／芹菜碎、鸡肉末各100克／干香菇30克／鸡蛋1个／葱末、姜末各20克／精盐2小匙／味精1小匙／料酒1大匙／香油4小匙

-制 作-

1. 干香菇放入粉碎机中打成粉状Ⓐ，放入碗中，加入开水调匀成香菇酱。
2. 鸡肉末加入葱末、姜末、鸡蛋、香油、精盐、味精拌匀Ⓑ，再放入香菇酱、芹菜末，加入料酒搅匀成馅料Ⓒ。
3. 面粉放入盆中，加入适量清水调匀，揉搓均匀成面团，饧约10分钟。
4. 饧好的面团放在案板上，搓成长条状，每15克下一个面剂，擀成面皮，放上适量馅料Ⓓ，捏成半月形饺子。
5. 锅中加入清水和少许精盐煮沸，放入饺子煮熟Ⓔ，捞出装盘即成。

芹菜鸡肉饺

口味：鲜咸味

-原 料

面粉500克/鸡胸肉300克/香菇、肉皮冻各100克/葱末、姜末各20克/料酒1大匙/精盐1小匙/味精、五香粉各1/2小匙/香油4小匙

-制 作

1. 面粉用开水烫一半,再加入温水和另一半面粉和成面团,略饧;鸡胸肉、香菇剁成末;皮冻切小丁A。
2. 鸡肉末加入葱末、姜末、料酒、精盐、味精、五香粉和香油搅匀,再加入香菇末、皮冻拌匀成馅料B。
3. 把面团搓成长条,揪成小剂子,按扁擀成圆薄皮,抹上馅料,收口提褶捏成圆形包子坯,摆入蒸锅内,用旺火蒸15分钟至熟,取出即成。

-原 料——

烫面面团400克 / 猪肉末250克 / 葱末15克 / 姜末20克 / 精盐2小匙 / 料酒1大匙 / 味精、鸡精各1/2小匙 / 香油适量

-制 作——

1. 猪肉末放容器内，加上葱末、姜末、精盐、料酒、味精、鸡精和香油拌匀成馅料。

2. 烫面面团揪成面剂，擀成圆皮Ⓐ，包入馅料，面皮分为内四成、外六成，左手大拇指卷起用指关节顶住内四成皮Ⓑ，用右手两个手指捏出瓦楞式褶皱成生坯。

3. 锅置火上，把饺子生坯放在笼内蒸8分钟，见成品鼓起且不粘手时，即可取出装盘。

-原 料

春卷皮10张／土豆300克／猪肉末100克／甜玉米粒少许／葱末、姜末各10克／精盐1小匙／味精1/2小匙／酱油2小匙／咖喱粉、料酒各1大匙／植物油适量

-制 作

1. 土豆去皮，洗净，放入蒸锅中蒸熟，取出晾凉，碾成土豆泥A；猪肉馅放入碗中，加入料酒拌匀B。
2. 锅中加入植物油烧热，放入猪肉末、葱末、姜末略炒，加入咖喱粉、料酒、酱油、精盐、清水、土豆泥、甜玉米粒炒浓稠C，加入味精炒匀，出锅、晾凉。
3. 取春卷皮，放上炒好的馅料包好，再放入热油锅中炸至金黄色，出锅装盘即成。

-原 料——

黑米粉500克/猪肉末、青椒、黄瓜各150克/葱末、姜末、精盐、味精、料酒、五香粉、鸡精、香油、植物油各适量

-制 作——

1. 把一半黑米粉加上沸水和成烫面，再加入适量清水和余下的黑米粉和成面团Ⓐ，略饧。

2. 青椒、黄瓜洗净，切成末，撒上精盐略腌Ⓑ，挤去水分；猪肉末放入碗中，加入调料搅匀，再放入黄瓜末、青椒末拌匀成馅料。

3. 把面团搓成条，揪成剂子，擀成薄皮，放上馅料，捏成月牙形饺子坯，摆入蒸锅蒸至熟，取出即成。

茴香肉蒸饺

TIME / 40分钟

-原 料——

面粉400克/茴香250克/猪肉馅150克/鸡蛋1个/葱末、姜末各10克/甜面酱2大匙/胡椒粉少许/酱油、料酒、香油各1大匙

-制 作——

1. 茴香择洗干净，控净水分，切成碎末；猪肉馅放在容器内，加入甜面酱、酱油、胡椒粉和香油调匀A。
2. 放入葱末、姜末、料酒和鸡蛋搅拌均匀，加入切好的茴香末搅拌均匀B，制成茴香肉馅料。
3. 将面粉放在容器内，边加入沸水边搅拌均匀成烫面团C。
4. 烫面团揉匀，分成小面剂，擀成面皮，包上馅料后制作成蒸饺生坯D。
5. 蒸锅置火上，加入清水烧沸，将蒸屉抹上植物油，码放上蒸饺，放入蒸锅内蒸8分钟至熟E，取出装盘即可。

-原 料

黑米粉350克／高筋面粉150克／鱼肉蓉、韭菜末各100克／羊肉蓉75克／紫菜末30克／鸡蛋1个／料酒、酱油、精盐、味精、鸡精、十三香、鲜汤、香油各适量

-制 作

1. 将1/3黑米粉、1/3高筋面粉拌匀，加上沸水和成烫面Ⓐ，再加凉水和余下的粉料和成面团，稍饧。

2. 把鱼肉蓉、羊肉蓉放容器内，先加上鲜汤和鸡蛋搅匀上劲，再加入紫菜末、料酒、酱油、精盐、味精、鸡精、十三香、香油拌匀馅料Ⓑ。

3. 面团搓成条，揪成小剂子，擀成圆皮，包入馅料，捏成饺子坯，摆入蒸锅内蒸至熟，取出即成。

-原 料—

冷水面团400克/净鲅鱼半条/韭菜150克/猪肉末100克/鸡蛋1个/葱末、姜末各10克/精盐2小匙/胡椒粉少许/料酒2大匙/味精少许/香油2小匙

-制 作—

1. 韭菜去根和老叶，洗净，切成碎末；鲅鱼去骨，洗净，取鲅鱼肉Ⓐ，先切碎，再用刀背砸好。
2. 鲅鱼肉放在容器内，放入猪肉末、料酒、精盐和胡椒粉Ⓑ。再加入葱末、姜末、香油、鸡蛋、味精和韭菜末，充分搅拌均匀至上劲成鲅鱼馅料Ⓒ。
3. 冷水面团制成面剂，擀成面皮，包入调好的鲅鱼馅料，包好成饺子生坯，放入沸水锅内煮至熟即可。

蘑菇鸡肉饺

-原 料——

面粉500克／鸡胸肉、鲜蘑各200克／葱末30克／姜末20克／精盐、鸡精、味精、料酒、鲜汤、香油、熟猪油各适量

-制 作——

1. 面粉加入清水和成面团A，略饧；鸡胸肉洗净，剁成末；鲜蘑洗净，放入沸水锅中略焯B，捞出，剁碎。
2. 鸡肉末放容器内，加上鲜蘑、葱末、姜末、精盐、鸡精、味精、料酒、鲜汤、香油和熟猪油拌匀成馅料。
3. 把面团搓成长条，揪成小剂子，按扁擀成圆皮，抹上馅料，合拢捏成半圆形饺子坯，下入沸水锅内煮6分钟至熟（中间点两次凉水），捞出装盘即成。

-原 料——

面粉500克/虾仁、五花肉末各200克/韭菜末100克/葱末、姜汁、精盐、味精、白糖、鸡精、胡椒粉、蚝油、料酒、香油、植物油各适量

-制 作——

1. 虾仁剁碎，加入五花肉末、葱末、姜汁拌匀，加入精盐、味精、白糖、鸡精、胡椒粉、蚝油、料酒和香油拌匀，最后放入韭菜末搅匀成馅料。
2. 面粉放在容器内Ⓐ，加入少许精盐、清水揉匀和成面团Ⓑ，饧10分钟，搓成长条，下成小面剂。
3. 把小面剂擀成圆皮，包入馅料成饺子生坯，放入热油锅内煎至金黄色时，出锅装盘即可。

-原 料——

云吞皮、虾仁、荸荠、豌豆、裙带菜、黄瓜、蒜黄各适量 / 鸡蛋清1个 / 葱末、姜末各5克 / 精盐、淀粉各2小匙 / 味精少许 / 胡椒粉、料酒各1/2大匙 / 香油3小匙

-制 作——

1. 虾仁洗净，一半剁碎，另一半切成小丁A，加入葱末、姜末、豌豆、拍碎的荸荠拌匀B。
2. 加入鸡蛋清、香油、料酒、精盐、胡椒粉、淀粉搅拌均匀C，静置30分钟。
3. 黄瓜洗净，切成片，裙带菜洗净，切成段D；蒜黄择洗干净，切成小段。
4. 黄瓜片、裙带菜、蒜黄段放入大碗中，加入精盐、味精、胡椒粉、香油和适量沸水。
5. 云吞片擀薄E，包入馅料成云吞生坯，放入沸水锅中煮熟，捞出，放入调好的大碗汁中，上桌即可。

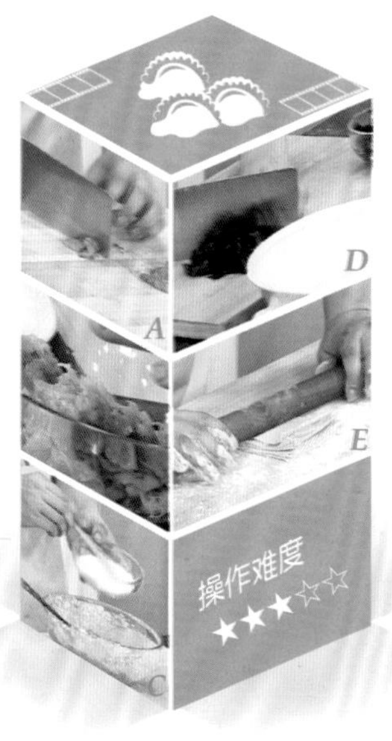

虾肉大云吞

口味：鲜咸味

-原 料——

面粉500克/虾仁粒200克/猪五花肉150克/菠菜汁4大匙/葱花、姜末、胡椒粉、香油各少许/精盐、酱油各1大匙/味精1小匙

-制 作——

1. 猪五花肉剁成末Ⓐ，加入葱花、姜末、虾仁粒、精盐、酱油、胡椒粉、味精、香油搅匀成馅料Ⓑ。
2. 面粉加入菠菜汁和少许清水调匀，揉成面团，稍饧，团分成大块，搓成长条状Ⓒ，每50克下8个面剂，擀成圆薄片，包入少许馅料，捏成半月形饺子状Ⓓ。
3. 蒸锅置火上，加上清水煮沸，摆上饺子生坯蒸8分钟至熟，取出装盘即可。

-原 料——

面粉500克/净鱼肉350克/韭菜150克/鸡蛋1个/姜末25克/精盐1/2小匙/味精、十三香、胡椒粉各少许/排骨精、料酒各1小匙/香油1大匙/熟猪油3大匙

-制 作——

1. 面粉放入容器内，加入搅散的鸡蛋液和适量清水和成面团A，饧透。
2. 韭菜洗净，切成末B；净鱼肉剁成蓉，放入容器内，加入调料搅匀，再加入熟猪油、韭菜末拌匀成馅。
3. 面团搓成长条，揪成剂子，擀成圆皮，包入馅料，两对边在中间捏严，四角露馅成四方形饺子生坯，摆入蒸锅内，用旺火蒸15分钟至熟，取出装盘即成。

-原 料——

面粉500克/鲜鱿鱼末400克/韭菜末200克/姜末15克/精盐、鸡精、味精、胡椒粉、五香粉各少许/料酒、香油、熟猪油各1大匙

-制 作——

1. 鲜鱿鱼末放入容器内Ⓐ，加入全部调料，顺一个方向搅匀、上劲，再加入韭菜末拌匀成馅料。
2. 面粉放在容器内Ⓑ，加上凉水和成硬面团、饧透，搓成长条，揪成小剂子，按扁擀成圆薄皮，抹上馅料，捏成月牙形饺子坯。
3. 锅中加清水煮沸，下入饺子坯，用手勺推转，中火煮沸，点少许凉水，再沸后再点水，至饺子熟透即成。

-原 料—

面粉400克/猪五花肉、芹菜各200克/水发粉条150克/酵面100克/葱末、姜末各10克/料酒、酱油各1大匙/精盐、食用碱、味精各少许/鲜汤、植物油各3大匙

-制 作—

1. 面粉、酵面、食用碱放入碗内，加上温水和匀成面团A；芹菜择洗干净，放入沸水锅中略焯，捞出、沥干；猪五花肉、水发粉条、芹菜分别剁碎。
2. 猪肉末加入葱末、姜末、料酒、酱油、精盐、味精、鲜汤、植物油搅匀B，放入粉条末、芹菜末拌匀成馅。
3. 面团搓成长条，揪成剂子，擀成薄皮，包入馅，捏成饺子生坯，摆入蒸锅内蒸15分钟至熟，装盘即成。

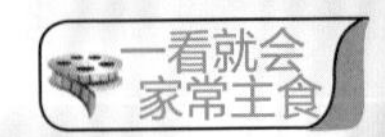

-原 料——

玉米面、面粉、牛肉、萝卜各300克/葱末、姜末各15克/精盐、味精、鸡精、胡椒粉、五香粉、泡打粉各少许/料酒、香油各2小匙/酱油1大匙/鸡汤、花椒油各2大匙

-制 作——

1. 玉米面、面粉、泡打粉放入同一容器内拌匀A，加上温水和成面团，略饧。
2. 萝卜去皮，洗净，剁碎，撒入精盐略腌，挤去水分；牛肉洗净，剁成肉末B，放入另一容器内，加入所有调料搅匀，再加入萝卜末拌匀成馅料。
3. 面团搓成长条，揪成剂子，按扁擀成圆饼皮，放上馅料，捏成饺子坯，摆入蒸锅内蒸至熟，取出即成。

Part 4
家常饼食最贴心

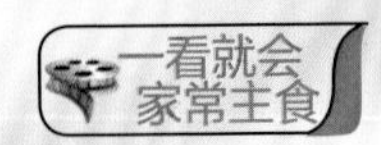

牛肉酥饼

DVD

TIME / 45分钟

-原 料—

面粉300克 / 牛肉末200克 / 鸡蛋1个 / 葱花25克 / 精盐少许 / 花椒粉2小匙 / 甜面酱1大匙 / 香油3小匙 / 植物油适量

-制 作—

1. 牛肉末放入大碗中A，加入鸡蛋、花椒粉和甜面酱拌匀，再加入味精、香油充分搅拌均匀至上劲。
2. 面粉放入容器中，加入适量温水和精盐拌匀B，再反复揉搓均匀成温水面团。
3. 温水面团放入另一容器内，加入植物油，盖上湿布，饧约30分钟。
4. 把饧好的面团放在案板上，揉搓成长条C，再切成小面剂。
5. 小面剂擀成圆面皮，包上牛肉馅和葱花，按扁后成饼状D，放入预热的电饼铛内煎至酥软熟香E，出锅即可。

麻香馅饼

TIME / 40分钟

口味：麻香味

原 料

面粉350克 / 黑芝麻200克 / 果脯100克 / 鸡蛋1个 / 白糖5大匙 / 熟猪油3大匙 / 香油2大匙

制 作

1. 面粉加入熟猪油1大匙、清水和成面团略饧Ⓐ；黑芝麻擀碎；果脯切成末Ⓑ；黑芝麻粉内加入白糖、果脯、熟猪油2大匙和少许面粉拌匀成馅料Ⓒ。

2. 把面团搓成长条，揪成小剂子，按扁后包入馅料，封口捏严，按成圆饼坯。

3. 饼坯两面刷上鸡蛋，沾匀黑芝麻，摆入抹有香油的烤盘内，放入烤箱内烤至熟透，取出装盘即成。

-原 料——

面粉400克/茄子200克/牛肉馅150克/葱末、姜末各5克/胡椒粉少许/精盐、花椒水、香油、料酒各适量/黄酱2大匙/植物油适量

-制 作——

1. 茄子去皮、蒸熟A，加入黄酱、葱末、姜末、香油、料酒、胡椒粉、花椒水和牛肉末拌至入味成馅料B。
2. 面粉放入容器中，加入适量温水和成面团C，揉匀后饧约15分钟，揪成面剂，擀成面皮，包上调好的馅料，收口后按扁成馅饼生坯。
3. 平锅置火上，加入植物油烧热，放入馅饼生坯D，用中小火烙至馅饼熟嫩，取出装盘即可。

牛肉茄子馅饼

TIME / 30分钟

口味：鲜咸味

-原 料—

面粉500克 / 豆沙馅200克 / 泡打粉2小匙 / 植物油适量

-制 作—

1. 面粉加入泡打粉搅拌均匀，再加入温水和成软面团，略饧10分钟A。
2. 将饧好的面团搓成长条，揪成10个大小均匀的剂子B，按扁后放上豆沙馅，封口捏严成圆球状，再按成圆饼坯。
3. 平底锅中加入植物油烧热，放入豆沙饼坯，用小火煎炸至熟、两面呈金黄色，出锅装盘即成。

-原 料

面粉150克 / 猪里脊肉100克 / 青菜、红椒各50克 / 葱片、姜片各15克 / 精盐、味精、白糖、料酒、鲜汤、香油、植物油各适量

-制 作

1. 面粉加上精盐、温水和成面团，擀成圆饼坯，放入锅内烙至两面呈黄色，取出，切成菱形片Ⓐ。
2. 猪里脊肉洗净，切成大片；红椒洗净，切成小片Ⓑ；青菜去根和老叶，洗净，切成小段。
3. 锅中加入植物油烧热，下入葱片、姜片炝锅，下入肉片炒熟，放入饼片及余下的调料炒匀，加入红椒片、青菜段炒熟香，出锅装盘即成。

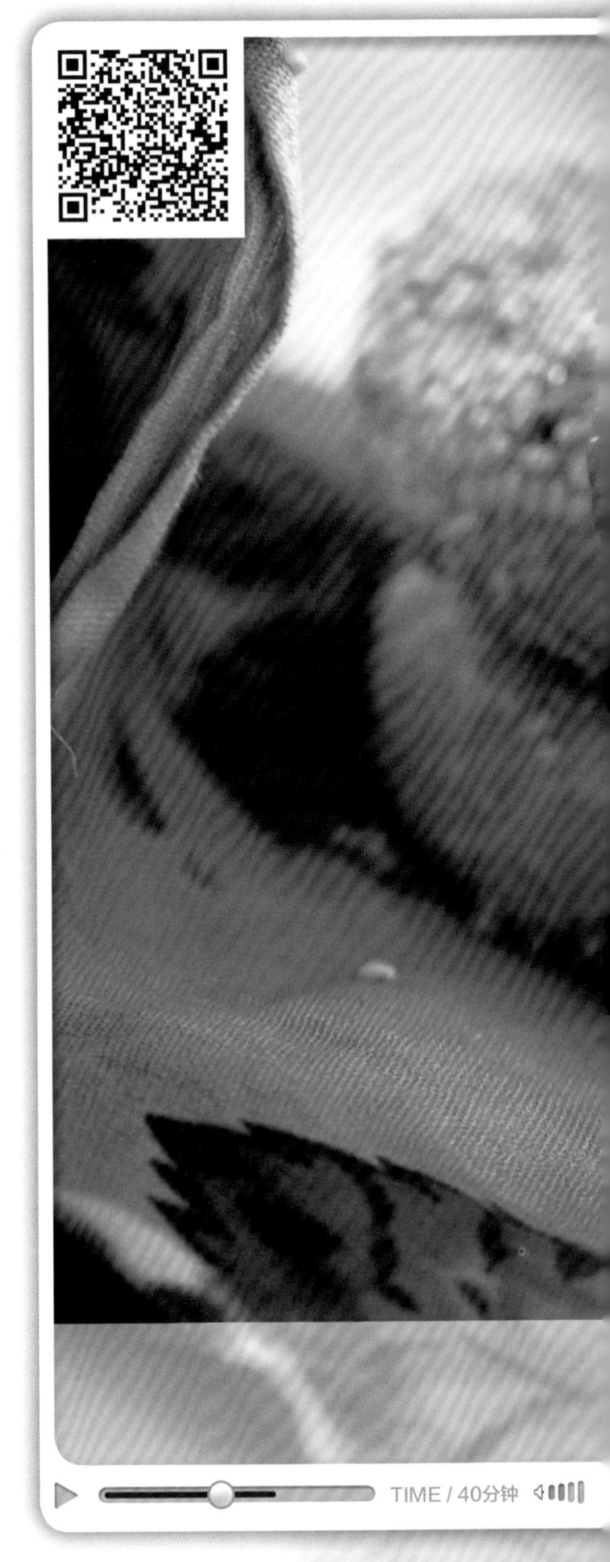

-原 料——

面粉500克 / 芝麻20克 / 干酵母25克 / 精盐2小匙 / 花椒粉1小匙 / 孜然少许 / 绿茶10克 / 蜂蜜2大匙 / 芝麻酱1大匙

-制 作——

1. 芝麻放入干锅中，上火炒熟，出锅装碗；将绿茶放入杯中，加入适量沸水冲开Ⓐ、晾凉。
2. 干酵母粉、面粉放案板上Ⓑ，加入冲开的绿茶水揉搓均匀成绿茶面团。
3. 在绿茶面团上均匀地涂抹上少许植物油，饧发5分钟；将蜂蜜放入碗中，加入少许清水调匀成蜂蜜水。
4. 待面团饧发，擀成面皮，抹上芝麻酱，撒上精盐、花椒粉、孜然，卷成卷，下成小剂子Ⓒ，团成火烧生坯Ⓓ。
5. 火烧生坯表面抹上蜂蜜水，蘸上熟芝麻Ⓔ，放入电饼铛中烙熟即成。

茶香芝麻小火烧

口味：茶香味 ↖

-原 料

中筋面粉500克／酵母粉15克／白糖3大匙／熟猪油1大匙／植物油2大匙

-制 作

1. 中筋面粉放入容器中，加入白糖、酵母粉、熟猪油和匀成面团，稍饧10分钟A。

2. 将面团放在案板上，擀成长方形面皮B，再用小碗扣成圆形饼皮。

3. 在饼皮的表面刷上一层油，再对折成半圆形，然后在上面剞上井字花刀，用湿布盖严，饧45分钟，再入笼蒸8分钟至熟，取出装盘即可。

-原 料——

面粉600克/熟猪油75克/香油20克

-制 作——

1. 面粉加入沸水烫好，加上熟猪油揉匀成面团Ⓐ，饧10分钟，取一半的面团，搓成长条，分成10个大小均匀的小剂子，蘸匀香油。
2. 余下面团搓成长条，揪成10个大小一致的剂子按扁Ⓑ，包入一块蘸香油的剂子，包严、压成圆饼。
3. 平底锅上火烧热，放入圆饼生坯烙制，见圆饼两面出芝麻花点、鼓起时即熟，出锅装盘即成。

原 料

面粉300克／温水面团200克／午餐肉50克／榨菜末25克／鸡蛋4个／葱花25克／精盐少许／料酒1小匙／植物油适量

制 作

1. 午餐肉切成碎末Ⓐ，放入大碗内，磕入鸡蛋调拌均匀，加入榨菜末、料酒和葱花拌匀成鸡蛋液Ⓑ。
2. 面粉加入清水和植物油充分调拌均匀，揉搓成油酥面团Ⓒ，然后用温水面团包起来，擀压后成饼状。
3. 电饼铛加热，加上少许植物油，放入面饼生坯烙至起鼓Ⓓ，用小刀划一开口，灌入调好的鸡蛋液，再烙片刻，取出，装盘上桌即可。

-原 料——

面粉400克/酵面50克/食用碱、白糖、香油、熟猪油各适量

-制 作——

1. 酵面放入容器内，加入温水、面粉和成面团Ⓐ，略饧，再加入白糖、食用碱揉匀成面团Ⓑ。
2. 面团搓成条，用抻面的方法抻至松散成面丝，放在案板上，涂抹上熟猪油、香油，切成小段。
3. 将抻面剩下的面头揉好，揪成剂子，擀成椭圆形面皮，包入面丝段，卷好包严，饧10分钟，放入加热的饼锅内烙至熟透，出锅装盘即成。

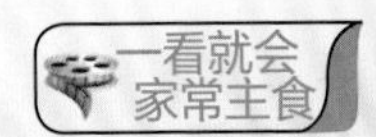

香河肉饼

TIME / 90分钟

-原 料-

牛肉末500克/面粉250克/鸡蛋1个/葱花、姜末各25克/十三香2小匙/味精、豆瓣酱、甜面酱各1小匙/酱油3大匙/香油4小匙/植物油适量

-制 作-

1. 面粉放入盆中，先用少许沸水烫一下，加入适量温水和匀成面团A，饧发30分钟。
2. 牛肉馅放入容器中B，加入鸡蛋液、酱油、甜面酱、豆瓣酱搅拌均匀C。
3. 加入十三香、香油、味精和姜末搅打上劲，静置20分钟，加入葱花拌匀。
4. 饧发好的面团揉搓均匀，下成剂子，按扁后包入馅料D，擀成圆饼状。
5. 平底锅置火上，加入植物油烧热，放入肉饼烙熟E，取出，切成三角块，装盘上桌即可。

-原 料

大饼200克/鲜虾、水发海参、净海螺肉各50克/香菜段10克/葱片、姜片、蒜片、精盐、味精、白糖、料酒、鲜汤、植物油各适量

-制 作

1. 大饼切成1.5厘米宽、4厘米长的条片Ⓐ；鲜虾洗净；水发海参切成片Ⓑ；海螺肉切片；水发海参片、海螺片下入沸水锅中略焯，捞出沥水。
2. 锅中加入植物油烧热，放入葱片、姜片、蒜片炝香，加入鲜汤、鲜虾、海参片、螺片烧沸。
3. 下入饼片炒匀，放入精盐、白糖、料酒、味精，中火烧透，撒上香菜段，出锅装盘即成。

-原 料——

面粉、玉米粉各150克／鸡蛋1个／绿茶叶少许／苏打粉1/2小匙／牛奶100克／蜂蜜1大匙／植物油少许

-制 作——

1. 玉米面加入温水调匀成稀糊，稍饧；面粉加入牛奶、鸡蛋、苏打粉、植物油调匀，稍饧A；把饧好的面粉糊、玉米粉糊放在一起拌匀成奶香粉糊B。
2. 平底锅置火上烧热，舀入奶香粉糊C，撒上泡好的绿茶叶D，小火煎至金黄色，取出，装入盘中一侧。
3. 再舀入适量奶香粉糊煎至金黄色，取出，装入盘中另一侧，浇上蜂蜜，上桌即可。

奶香松饼

TIME／15分钟

口味：香甜味

-原 料——

山药250克/枣泥150克/糯米粉100克/白糖、糖桂花、植物油各适量

-制 作——

① 山药去皮，洗净，放入锅内，加入清水煮至酥烂，取出、晾凉，用刀碾成泥。

② 山药泥放容器内，加入白糖、糖桂花、糯米粉揉透Ⓐ，搓成长条，揪成10个面剂Ⓑ，包入枣泥，捏拢，收口向下，揿成圆饼生坯。

③ 平底锅上火，加入植物油烧至五成热，放入圆饼生坯，用小火煎成两面金黄色即可。

-原 料——

面粉150克 / 菠菜50克 / 鸡蛋2个 / 净虾仁10克 / 精盐1小匙 / 味精1/2小匙 / 熟猪油50克

-制 作——

1. 菠菜择洗干净，用沸水略焯，捞出、晾凉，切成末A；把鸡蛋打散，放入菠菜末、净虾仁、精盐、味精和适量清水拌匀成面糊B。

2. 炒锅上火烧热，加入少许熟猪油烧至七成热，再放入面糊，用手铲旋锅摊成圆饼状。

3. 用小火煎至一面呈淡黄色，淋入熟猪油，再煎另一面至呈淡黄色，取出装盘即成。

原料

玉米面、黄豆面、小米面、绿豆面各适量/春韭200克/胡萝卜100克/虾皮50克/鸡蛋3个/黑芝麻少许/精盐1小匙/味精1/2小匙/啤酒、香油、植物油各适量

制作

1. 玉米面、黄豆面、小米面、白面按照7:1:1:1的比例放入碗中Ⓐ，加入适量啤酒和清水搅拌均匀成面糊Ⓑ。
2. 将韭菜择洗干净，切成细末；胡萝卜去皮，洗净，切成细丝Ⓒ；虾皮用清水浸泡一下，捞出沥干。
3. 鸡蛋加入少许清水拌匀成鸡蛋液，放入热油锅内炒散Ⓓ，出锅、晾凉。
4. 韭菜、胡萝卜、虾皮和鸡蛋放入容器内，加入精盐、味精、香油搅成馅料。
5. 将面糊均匀地倒在电饼铛上，开底火加热至断生，放上馅料烙至熟Ⓔ，撒上黑芝麻，取出、切块即可。

五谷春韭糊饼

口味：鲜咸味

-原 料——

面粉1200克/芝麻仁100克/植物油50克/花椒盐75克

-制 作——

1. 面粉700克加温水和成面团A，略饧；余下的面粉加入植物油搓成干油酥B。面团150克搓成条，揪成剂子，沾满椒盐做饼心。

2. 余下的面团搓成条，擀成面片，将干油酥放在面片上，摊平后由上向下卷成卷，揪成小剂子。

3. 把剂子按成锅底状，放上一块沾满椒盐的小面团，包严收口呈馒头状，按成圆形饼坯，沾上芝麻仁，放在烤盘内烤箱烤至金黄熟脆即成。

韭香软饼

-原 料——

面粉300克／嫩韭菜150克／精盐2小匙／味精少许／植物油100克

-制 作——

1. 嫩韭菜洗净，切成小段Ⓐ；面粉加入适量清水调散，再加入韭菜段、精盐、味精调匀成浆状Ⓑ。
2. 炒锅上火，加入少许植物油烧至六成热，舀入一勺面浆，两手端锅旋转，让浆汁从锅中心向外一圈一圈地流动成薄薄的一层。
3. 然后放回火口上烙制，第一面烙熟后再翻面烙，待把两面烙熟，取出、切块，装盘上桌即成。

原料

面粉400克/猪肉末250克/茄子100克/鸡蛋1个/葱末、姜末各10克/味精少许/胡椒粉、花椒水各1小匙/料酒2小匙/黄酱2大匙/香油1大匙/植物油适量

制作

1. 茄子蒸熟、搅碎A，加上猪肉末、葱末、姜末、鸡蛋、胡椒粉、料酒、花椒水搅匀，再加入黄酱、香油、味精调拌均匀至上劲成馅料B，置冰箱中冷藏1小时。
2. 面粉加入适量温水和匀成面团，饧10分钟，搓条、下剂，擀成薄片，包入馅料成肉饼生坯C。
3. 锅置火上，放入肉饼生坯D，淋入植物油和少许清水，用中火煎烙至两面金黄、熟香，出锅装盘即可。

-原 料——

面粉500克/五花肉150克/鸡蛋液少许/葱花、精盐、味精、料酒、酱油、熟猪油各适量

-制 作——

1. 五花肉切成末Ⓐ，加上葱花、酱油、味精、料酒拌匀成馅料Ⓑ；面粉加入精盐、清水和成面团。
2. 将面团揪成小面剂，每个捏成窝形，放入馅料，收口捏拢，用手轻轻压平，擀成薄饼。
3. 锅中加入植物油烧热，放入薄饼烙至八分熟，在饼边划个小口，用筷子插入饼内，将饼的两层分离，灌入鸡蛋液，翻动麦饼烙至熟，取出即成。

-原 料

面粉1000克 / 精盐2小匙 / 植物油200克

-制 作

1. 面粉加入精盐、清水和好成面团A，搓成长条，两端上下抖动，抻长，和拢上劲，再抻长，和拢上劲B，连续反复多次，将面条捋好。

2. 面条拧几个劲，撒点面粉，抻长对折成两根，左手握住面条两端面头，连续抻几次，制成银丝饼坯。

3. 大盘内刷上植物油，放入饼坯，按平，摆在盘内；用余下的剂头和在一起，擀成薄面皮，盖在上面，放入蒸锅内蒸熟，取出即成。

Part 5
特色小吃这样做

双色菊花酥

TIME / 25分钟

-原 料-

面粉300克/菊花5克/鸡蛋2个/红樱桃少许/蜂蜜、植物油各适量

-制 作-

1. 菊花洗净，放入杯中，加入热水浸泡成菊花茶，晾凉；面粉加入鸡蛋A、菊花茶水和匀成面团B，饧10分钟。
2. 将饧好的面团揉搓成长条，切成每个25克的小面剂C，擀成圆形面皮，每个面皮先切成4小块扇形。
3. 把4小块扇形面皮叠起来，切成细丝，用筷子夹起并从中间按下成菊花酥生坯D。
4. 锅置火上，加入植物油烧热，放入菊花酥生坯炸至熟脆E，捞出沥油。
5. 把菊花酥摆放入盘中，中间用红樱桃点缀，再淋上蜂蜜即可。

牛肉花卷

-原 料

面粉500克 / 牛肉300克 / 泡打粉10克 / 葱末、姜末各10克 / 精盐、十三香粉、酱油、料酒、香油、植物油各适量

-制 作

1. 牛肉洗净，剁成蓉Ⓐ，加入葱末、姜末、酱油、料酒、精盐、十三香粉、植物油、香油调成馅料。
2. 面粉放入泡打粉拌匀Ⓑ，再加入适量温水和成面团，稍饧后擀成大片。
3. 把馅料倒在面片上涂抹均匀，相对折叠，切成小条，卷起成花卷生坯，放入蒸锅内，用旺火蒸约15分钟至熟，即可出锅装盘。

-原料——

面粉400克／鸡蛋6个／果料适量／白糖200克／牛奶4大匙／黄油3大匙／酵母粉2小匙／苏打粉少许

-制作——

1. 鸡蛋磕入容器内，加入黄油、白糖搅匀A；再加入酵母粉、苏打粉、温水、面粉、牛奶调成浓稠的糊状B，静置20分钟成发酵面糊。

2. 果料切成小丁，取一半果料丁，撒在容器底部，倒入发酵面糊，把剩余的果料丁撒在上面C成生坯。

3. 蒸锅置火上，加入清水烧沸，放入发糕生坯，用旺火蒸约10分钟至熟D，出锅装盘即可。

奶油发糕

TIME／45分钟

口味：香甜味

-原料

自发酵面团250克 / 青、红丝各15克 / 香油1大匙 / 食用碱水少许

-制作

1. 自发酵面团用食用碱水揉匀Ⓐ，揪成10个大小均匀的面剂，揿平，擀成直径7厘米左右的面皮Ⓑ，涂抹上香油，撒上青、红丝对折。

2. 然后对折成90°扇形，用快刀在尖头处顺中心2/3处切开，再将两边向后翻转，捏拢捏紧向下放，刀口翻出，做成形似猪蹄的生坯。

3. 把蹄花卷生坯整齐地码入蒸锅内，入笼旺火蒸至熟，取出装盘即成。

-原 料——

面粉500克/白糖3大匙/泡打粉2小匙/植物油4大匙

-制 作——

1. 面粉放入容器中，加入泡打粉搅拌均匀Ⓐ；白糖放在热水中溶化，倒入面粉中和成软面团Ⓑ、略饧。
2. 将面团擀成大片，抹上一层植物油，面片相对折叠，切成长条，将3根面条放在一起，用手捏住两头卷起成花卷生坯。
3. 将花卷生坯放入蒸锅内，用旺火蒸约15分钟至熟香，取出上桌即成。

-原 料-

面粉500克／绿茶5克／鸡蛋3个／枸杞子少许／芝麻50克／果脯适量／苏打粉少许／白糖4大匙／蜂蜜3大匙／植物油适量

-制 作-

1. 绿茶放入杯中，倒入适量清水浸泡成绿茶水；面粉放入容器内，加入绿茶水、鸡蛋、苏打粉和成面团A。
2. 把面团洒上少许清水，盖上湿布后饧20分钟，再把面团擀成大片，再切成细面条B。
3. 净锅置火上，加入植物油烧热，倒入细面条炸至金黄色C，捞出沥油。
4. 锅中留底油烧热，加入白糖和少许清水稍炒D，倒入蜂蜜炒浓稠，放入炸好的面条中炒匀，加入果脯调匀。
5. 取大碗，在底部刷上植物油，撒上芝麻和少许枸杞子，倒入炒匀的面条，用重物压实E即成。

萨其马

口味：香甜味

-原 料—

面粉500克 / 泡打粉2小匙 / 精盐、十三香粉各1/5小匙 / 植物油2大匙

-制 作—

1. 面粉中加入泡打粉拌匀Ⓐ，再加入适量温水和成软硬适度的面团，饧约10分钟Ⓑ。
2. 面团放在案板上，擀成大薄片，刷上一层油，撒上精盐、十三香粉抹匀。
3. 将薄片再由外向里卷叠三层，切成条状，再用手拧成花卷生坯，摆入蒸锅内，用旺火蒸约15分钟至熟，取出装盘即成。

-原 料——

自发酵面团200克/香油、食用碱水各少许

-制 作——

1. 自发酵面团加上食用碱水揉透，搓成小条，揪成小面剂Ⓐ，擀成直径7厘米左右圆皮，涂上香油Ⓑ，对折成半圆形，用钝刀或新木梳在上面刻上条纹。

2. 在半圆直径处中间用两个手指捏出尖头，捏成后同时用刀在圆弧处揿出三处凹痕，并将两翅尖向上合起，即成蝴蝶卷生坯。

3. 把蝴蝶卷生坯饧10分钟，放入蒸锅内，用旺火蒸至蝴蝶卷熟透，取出即成。

-原 料——

面粉适量/菠菜100克/橙子皮少许/发酵粉少许/巧克力块100克/牛奶150克/黄油1大块

-制 作——

1. 锅置火上，加入黄油、少许面粉、切碎的巧克力炒匀A，加入牛奶炒至黏稠，出锅晾凉成馅心B。

2. 橙子皮洗净，切成细丝；菠菜洗净，放入粉碎机中，加入少许清水搅打成泥；面粉放入盆中，加入橙皮丝、菠菜泥和发酵粉和好揉匀，饧30分钟。

3. 把面团揉匀，搓条、下剂C，擀成薄皮，包入馅心，放入笼屉中饧20分钟，再放入蒸锅内，转中火蒸约20分钟，取出装盘即可。

-原 料——

面粉400克/酵面100克/鸡蛋黄5克/食用碱2克/植物油1/2小匙

-制 作——

1. 面粉200克加酵面、温水和成面团、发酵A；另将面粉200克加上蛋黄及温水和成面团、略饧。
2. 酵面团加上食用碱揉匀，擀成长形薄片B，刷上一层植物油；蛋黄面团也擀成大片，叠放在发酵面片上面，再刷上植物油，由外向里卷起，搓成细条。
3. 将细条切成小段，刀口向上，两段合在一起，用筷子由中间夹一下，即成花卷生坯，摆入蒸锅内，用旺火蒸15分钟至熟，取出即成。

果仁酥

TIME / 60分钟

口味：香甜味

-原 料——

面粉150克/核桃仁、松子仁、瓜子仁、芝麻各适量/鸡蛋黄2个/白糖、植物油各4大匙/苏打粉1小匙

-制 作——

1. 将白糖放入大碗中，先加入植物油、鸡蛋黄搅拌均匀A。
2. 放入面粉、苏打粉、瓜子仁、松子仁、芝麻和核桃仁，慢慢搅拌均匀B，制成面团。
3. 将面团每15克下1个小面剂，团成圆球C，按上1个核桃仁，依次做好成果仁酥生坯D。
4. 电饼铛预热，放入果仁酥生坯，盖上盖，用上下火120℃烤约20分钟E，取出装盘，即可上桌。

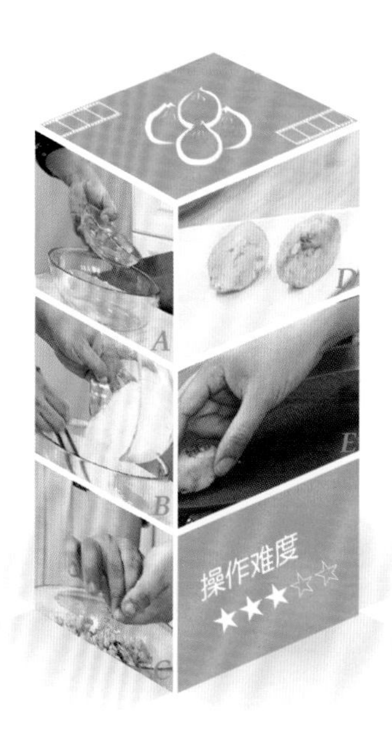

-原 料

面粉650克/小米面350克/红枣250克/面肥50克/食用碱水、白糖各少许

-制 作

1. 红枣洗净、去掉果核，放入沸水锅中煮至皮开Ⓐ，捞出；小米面、面粉混拌均匀Ⓑ，加入面肥、碱水及适量清水，和成较硬的面团，饧30分钟。

2. 面团加入少许面粉和白糖揉匀，擀成长方形薄片。切成6厘米宽的正方形小片Ⓒ，每片两头各放红枣1个，从一侧卷起后对折成牛蹄卷生坯。

3. 把生坯放在刷有植物油的箅子上饧30分钟Ⓓ，放入蒸锅内，用旺火蒸20分钟至熟，取出装盘即成。

-原 料—

栗子、糯米饭各适量/山楂糕条、黑芝麻各少许/白糖75克/椰蓉适量/牛奶120克/植物油2大匙

-制 作—

1. 糯米饭放入塑料袋中，加入少许清水揉匀；栗子去壳、皮膜，洗净，放入清水锅中煮熟，捞出、沥水。
2. 把栗子放入粉碎机中，加入牛奶一起搅匀Ⓐ，放入烧热的油锅内，慢慢搅炒均匀，再加入白糖搅炒至黏稠状Ⓑ，倒入盘中晾凉成栗子蓉。
3. 将揉好的糯米分成8块，按扁成皮，包入栗子蓉团成球状Ⓒ，再放入椰蓉中滚沾均匀，摆入盘中，放上山楂糕条和黑芝麻即可。

-原 料—

面粉200克 / 玉米面100克 / 葡萄干50克 / 核桃仁、枸杞子各15克 / 鸡蛋3个 / 白糖50克 / 发酵粉6克 / 植物油少许

-制 作—

1. 将面粉、玉米面一同放入容器内搅拌均匀Ⓐ；鸡蛋搅散Ⓑ，倒入面粉内，加入清水、白糖搅匀成糊状，再放入发酵粉及葡萄干25克搅匀成面糊。
2. 把面糊倒在抹过植物油的方盒内，在上面撒入葡萄干25克、核桃仁和枸杞子。
3. 将方盒放入蒸锅内，用旺火蒸约20分钟至熟，取出、切成小块，装盘上桌即成。

-原 料——

糯米500克/红豆粉200克/熟面粉、熟芝麻仁各100克/熟瓜子仁、青、红丝、碎花生仁各25克/白糖200克/香精2克

-制 作——

1. 糯米用温水泡2小时Ⓐ；熟芝麻仁擀碎，放入白糖、瓜子仁、青、红丝、香精、碎花生仁拌匀成馅料Ⓑ。

2. 泡好的糯米入锅干蒸至熟，取出后用木棒捣成细泥状成糯米团，放入冰箱内冷藏1小时。

3. 将糯米团放在撒有熟面粉的案板上，揉匀，搓成条，揪成剂子，按扁后放入馅料包好，团成圆球，再按成圆饼，摆入盘内，放入冰箱内冷藏即成。

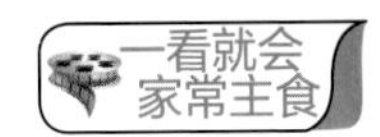

-原 料

中筋面粉400克/猪肉末150克/泡打粉10克/葱末、姜末各10克/胡椒粉1/2小匙/白糖1小匙/料酒1大匙/酱油3大匙/香油2小匙/植物油2大匙

-制 作

1. 中筋面粉放入容器内，加入泡打粉、少许温水和白糖调匀，揉搓均匀成面团，饧20分钟成发酵面团。
2. 猪肉末放入容器中，加入酱油、胡椒粉、料酒、香油、少许清水搅匀A。
3. 锅中加入植物油烧至六成热，下入葱末、姜末煸炒至微黄B，放入猪肉末炒至干香，取出，晾凉成馅料C。
4. 将发好的面团揉匀D，擀成大薄片，抹匀炒好的馅料E，卷成卷，再饧20分钟成懒龙卷生坯。
5. 蒸锅上火，放入懒龙卷，用旺火蒸20分钟，取出，切成段，装盘上桌即可。

创新懒龙

口味：鲜咸味

-原 料

熟面粉500克／豆沙馅250克／鸡蛋10个／葡萄干25克／瓜子仁20克／青梅丝15克／白糖3大匙／食用红色素3克

-制 作

1. 鸡蛋清、鸡蛋黄分别磕在两个容器内，用打蛋器将蛋清抽打成蛋泡糊；白糖放在蛋黄内抽打至白糖溶化A，倒在蛋泡糊内，加入熟面粉搅匀B。
2. 蒸糕的木框放在蒸锅内，铺上洁布，倒入一半蛋糊，用旺火蒸熟，涂抹上豆沙馅。
3. 余下的蛋糊加入红色素搅匀，倒在豆沙馅上，摊平，撒上青梅丝、瓜子仁、葡萄干，放入蒸锅内蒸熟，取出晾凉，切成长方块，装盘即成。

-原 料——

面粉700克 / 鸡蛋500克 / 自发粉200克 / 老酵面50克 / 白糖250克 / 熟猪油200克

-制 作——

1. 面粉放在案板上Ⓐ，加入老酵面揉匀揉透，略饧片刻成发酵面团；将鸡蛋磕入大碗内，加上白糖搅至溶化，再放入熟猪油拌匀成鸡蛋液。

2. 将酵面加入调拌好的鸡蛋液，充分搅拌均匀，再放入自发粉拌匀成糊状Ⓑ。

3. 蒸笼里放一方格，垫张油纸，把酵面糊倒入木格，上笼用旺火蒸至透，取出、冷却，切成长方形块，即可上桌。

-原 料

面粉、牛奶各240克/熟芝麻100克/鸡蛋2个/白糖3大匙/淀粉4小匙/植物油适量

-制 作

1. 熟芝麻放入粉碎机中粉碎A，倒入小碗中，加入白糖拌匀；鸡蛋磕入容器中，加入淀粉、牛奶、面粉搅拌均匀成面粉液B。

2. 锅置火上，加入适量清水烧沸，慢慢倒入面粉液搅炒至黏稠，出锅倒入容器中晾凉C、定型，取出，切成长方条D，再沾匀淀粉成锅炸生坯。

3. 锅置火上，加入植物油烧热，下入锅炸生坯炸至浅黄色，捞出摆盘，撒上芝麻白糖末即可。

-原 料—

黏黄米粉、豆沙馅各500克/黄豆100克/白芝麻、冰糖渣各25克/青梅10克/糖桂花5克/白糖150克

-制 作—

1. 黏黄米粉加上水和成面团Ⓐ，放入蒸锅内蒸熟，取出后放入容器内，浇入少许沸水，用木棍搅匀；黄豆洗净，入锅炒至棕黄，碾面后过滤成粉。

2. 芝麻入锅焙呈金黄色，擀压成碎末；青梅洗净，切成碎末，与白糖、冰糖渣、糖桂花拌匀成糖料。

3. 熟豆面撒在案板上，熟黄米面团放在上面揉匀，擀成大片Ⓑ，抹上豆沙馅摊平，卷成卷，再切成段，撒上糖料即成。

米香牛奶水果布丁

TIME / 30分钟

-原 料-

大米100克/全脂牛奶750克/什锦水果丁适量/白糖2大匙/黄油1小块

-制 作-

1. 大米淘洗干净，放在干净容器内，加入一半的全脂牛奶浸泡2小时A。
2. 把大米和浸泡的牛奶全部倒入搅拌器内，用中速搅打成牛奶米浆B。
3. 净锅置火上，倒入另一半牛奶煮至沸，再加入黄油调匀C，用小火熬煮约5分钟。
4. 加入白糖熬煮片刻，再慢慢放入打好的牛奶米浆熬至浓稠状D。
5. 关火后继续用余温慢炒片刻至糊化，出锅盛放在容器内，放上什锦水果丁即可。

-原 料——

干糯米粉500克 / 爆米花250克 / 花生仁、芝麻仁各100克 / 白糖、红糖、饴糖、植物油各75克

-制 作——

1. 将150克干糯米粉用清水100克和成粉团、煮熟，然后与余下的干糯米粉、白糖揉成面团Ⓐ。

2. 将红糖、饴糖、清水放入锅中熬成浓汁，离火后放入爆米花、花生仁拌成馅料，分成小团Ⓑ。

3. 将粉团、馅料各分成10份；用粉团压成皮，包好馅料后擀成薄圆形，洒水后沾上芝麻仁，放入加有植物油的平锅内，用小火煎炸至两面呈金黄色即成。

-原 料——

西米300克/栗子仁100克/玫瑰茄50克/粽子叶适量/冰糖100克/白糖少许

-制 作——

1. 锅内加入清水和玫瑰茄煮5分钟至出红汁，放入冰糖煮至溶化A，出锅过滤、装碗，放入西米浸泡15分钟B；粽叶与马莲叶一同下入沸水中煮透，捞出。
2. 粽叶折成圆锥形，放入1/3西米，放入1颗栗子仁，最后放入另2/3西米C，包严，用马莲叶捆扎成粽子。
3. 锅中加入适量清水煮沸，放入粽子煮约30分钟至粽子熟透，取出后拆开粽叶，取出粽子，码放在盘中，撒上少许白糖，即可上桌。

珍珠玫瑰粽

-原 料——

土豆300克/枣泥馅、白芝麻各150克/面粉100克/白糖2大匙/植物油适量

-制 作——

1. 把土豆削去外皮，用清水浸泡并洗净，放入沸水锅内煮至熟透，捞入容器内晾凉，捣成细泥，加入白糖、面粉拌匀A。
2. 土豆泥分成大小均匀的剂子，包入枣泥馅B，封口捏严，团成圆球，滚匀白芝麻成麻圆生坯。
3. 锅中加入植物油烧至五成热，下入土豆球，用小火炸透、捞出，装盘上桌即成。

-原 料

糯米粉、豆沙馅各500克/小麦淀粉100克/芝麻50克/白糖3大匙/熟猪油5大匙

-制 作

1. 豆沙馅加入糯米粉搓匀，下成每个15克的馅心Ⓐ；芝麻洗净，放入锅内煸炒至熟香Ⓑ，取出、晾凉；小麦淀粉放入盆内，倒入适量沸水搅成浓糊状。

2. 加入糯米粉、白糖、熟猪油调匀Ⓒ，揉搓均匀成面团，稍饧，再把面团搓成长条，每25克下一个面剂，用擀面杖擀成圆饼状，放入馅心包好，揉搓成小圆球。

3. 芝麻放案板上，将圆球沾上清水，滚匀芝麻，放入热油锅内炸至麻团膨胀浮起、呈金黄色即成。

-原 料

面粉250克/荞麦面65克/葡萄干50克/泡打粉、酵母各3克/白糖4大匙/植物油少许

-制 作

1. 葡萄干用清水漂洗干净Ⓐ，沥净水分；泡打粉、酵母放小碗内Ⓑ，加上少许清水调匀成酵母水Ⓒ。
2. 把面粉、荞麦面过细箩Ⓓ，放在容器内，加上白糖、酵母水和适量的清水搅拌均匀成浓糊状。
3. 面糊盖上保鲜膜，置于温暖处发酵1小时（发酵好的面糊，上面有很多小气泡），再稍微搅拌一下。
4. 模具内抹上植物油，倒入发酵好的面糊，再置温暖处静置20分钟。
5. 面糊上放上葡萄干，放入沸水旺火蒸锅内蒸30分钟，关火后虚蒸5分钟，取出，脱模、切成块即成。

荞面蒸糕

口味：香甜味

原料

糯米1000克／红小豆、黄豆各400克／白糖100克

制作

1. 红小豆洗净，放入清水锅中煮至熟烂Ⓐ，捞出沥干，放入锅内，加入白糖炒成豆沙粉Ⓑ；黄豆洗净，放入炒锅内炒熟出香味，出锅，磨碎成粉。
2. 糯米淘洗干净，放入清水盆内浸泡至发涨；蒸锅内铺上屉布，待锅内上汽时，将糯米摆在屉布上，盖严锅盖，用旺火蒸约20分钟，取出。
3. 把糯米放在木槽上，用木棰敲打成细泥成团，再打成黏糕，切成条块，裹上熟豆面和豆沙粉即成。

-原 料

糯米粉500克／胡萝卜、豆沙馅各200克／澄面125克／白糖、熟猪油各100克／植物油适量

-制 作

1. 将胡萝卜去皮，洗净，切成大片Ⓐ，放入蒸锅内，用旺火蒸30分钟，取出、晾凉，碾成泥。

2. 糯米粉放容器内Ⓑ，加入胡萝卜泥、白糖、熟猪油、澄面、清水调成面团，分别下成20克和10克的小剂子，压扁后包入豆沙馅。

3. 将20克的生坯揉成圆形，10克的生坯揉成圆锥形，将两个生坯粘在一起成葫芦生坯，放入烧热的油锅内炸至金黄色，捞出沥油，即可出锅装盘。

☆春季 Spring☆

分类原则

春季养生应以补肝为主，而且要以平补为原则，不能一味使用温补品，以免春季气温上升，加重身体内热，损伤人体正气。春季饮食宜选用较清淡，温和且扶助正气补益元气的食物。如偏于气虚的，可多选用一些健脾益气的食物，如红薯、山药、鸡蛋、鸡肉、鹌鹑肉等。偏于阴气不足的，可选一些益气养阴的食物，如胡萝卜、豆芽、豆腐、莲藕、百合等。

适宜菜肴

☆夏季 Summer☆

分类原则

夏季是天阳下济、地热上蒸，万物生长，自然界到处都呈现出茂盛华秀的景象。夏季也是人体新陈代谢量旺盛的时期，阳气外发，伏阴于内，气机宣畅，通泄自如，精神饱满，情绪外向，使“人与天地相应”。夏季饮食养生应坚持四项基本原则，即饮食应以清淡为主，保证充足的维生素和水，保证充足的碳水化合物及适量补充优质的蛋白质，如鱼肉、瘦肉、禽蛋、奶类和豆类等营养物质。

适宜菜肴

☆秋季 Autumng☆

分类原则

秋季阴气渐渐增长，气候由热转寒，此时万物成熟，果实累累，正是收获的季节。人体的生理活动也要适应自然环境的变化。秋季以润燥滋阴为主，其中养阴是关键。秋季易出现体重减轻、倦怠无力、讷呆等气阴两虚的症状，人体会发生一些“秋燥”的反应，如口干舌燥等秋燥易伤津液等，因此秋季饮食应多食核桃、银耳、百合、糯米、蜂蜜、豆浆、梨、甘蔗、乌鸡、莲藕、萝卜、番茄等食物。

适宜菜肴

☆冬季 Winter☆

分类原则

冬季是一年中气候最寒冷的时节，也是一年中最适合饮食调理与进补的时期。冬季进补能提高人体的免疫功能，促进新陈代谢，还能调节体内的物质代谢，有助于体内阳气的升发，为来年的身体健康打好基础。冬季饮食调理应顺应自然，注意养阳，以滋补为主，在膳食中应多吃温性，热性特别是温补肾阳的食物进行调理。以提高机体的耐寒能力。

适宜菜肴

索引一

☆ 少年 Adolescent ☆

分类原则

少年是儿童进入成年的过渡期，此阶段少年体格发育速度加快，身高、体重突发性增长是其重要特征。此外少年还要承担学习任务和适度体育锻炼，故充足营养是体格及性征迅速生长发育、增强体魄、获得知识的物质基础。少年的饮食要注意平衡，鼓励多吃谷类，以供给充足能量；保证鱼、禽、肉、蛋、奶、豆类和蔬菜供给，满足少年对蛋白质、钙、铁和维生素的需求。

适宜菜肴

☆ 女性 Female ☆

分类原则

女性有着与男性不同的营养需要。女性可能需要很少的热量和脂肪，少量的优质蛋白质，同量或多一些的其它微量元素等。很多女性由于工作节奏快或者学习压力大，常常无暇顾及饮食营养和健康，有时候常吃快餐或方便食品，因而造成营养不平衡，时间长了必然会影响身体健康。女性饮食包括适量的蛋白质和蔬菜，一些谷物和相当少量的水果和甜食。此外大量的矿物质尤为适应女性。

适宜菜肴

☆ 男性 Male ☆

分类原则

男性如果对自身营养关注不够，很容易发生因营养失衡而引起的一系列生活方式疾病。因此，关注男性营养，养成健康的饮食习惯，对于保护和促进其健康水平，保持旺盛的工作能力极为重要。男性在营养平衡的基础上，其基本膳食准则为节制饮食、规律饮食和加强运动。一般男性应该控制热能摄入，保持适宜蛋白质、脂肪、碳水化合物供能比，并增加膳食中钙、镁、锌摄入，以利于身体健康。

适宜菜肴

☆ 老年 Elderly ☆

分类原则

老年期对各种营养素有了特殊的需要，但营养平衡仍是老年人饮食营养的关键。老年营养平衡总的原则是应该热能不高；蛋白质质量高，数量充足；动物脂肪、糖类少；维生素和矿物质充足。所以据此可归纳为三低（低脂肪、低热能、低糖）、一高（高蛋白）、两充足（充足的维生素和矿物质），还要有适量的食物纤维素，这样才能维持机体的营养平衡。

适宜菜肴

中味道　JK吉科食尚 最家常

《精选美味家常菜》

《秘制南北家常菜》

央视金牌栏目《天天饮食》原班人马，著名主持人侯军、蒋林珊、李然、王宁、杜沁怡等倾力打造《我家厨房》。扫描菜肴二维码，一菜一视频，学菜更为直观，国内真正第一套全视频、全分解图书。

（精装大开本，一菜一视频，学菜更直观，一学就会，超值回馈）

百余款美味滋补靓粥
给你家人般爱心滋养

《阿生滋补粥》是一本内容丰富、功能全面的靓粥大全。本书选取家庭中最为常见的食材，分为清淡素粥、浓香肉粥、美味海鲜粥、怡人杂粮粥、滋养药膳粥五个篇章，介绍了近200款操作简单、营养丰富、口味香浓的家常靓粥。

美食是一种享受生活的方式
烹调则是在享受其中的乐趣

本书选取家庭最为常见的18种烹饪技法，为您详细讲解相关的技巧和要领的同时，还精心挑选了多款营养均衡、适宜家庭制作的美味菜肴，图文并茂、简单明了，让您一看就懂，一学就会，快速掌握家常菜肴的制作原理和精髓，真正领略到烹饪的魅力。

图书在版编目（C I P）数据

一看就会家常主食 / 生活食尚编委会编. -- 长春 : 吉林科学技术出版社, 2014.8
ISBN 978-7-5384-8078-8

Ⅰ. ①一… Ⅱ. ①生… Ⅲ. ①主食－食谱 Ⅳ. ①TS972.13

中国版本图书馆CIP数据核字(2014)第195115号

一看就会家常主食

YIKANJIUHUI JIACHANG ZHUSHI

编　生活食尚编委会
出版人　李　梁
策划责任编辑　张恩来
执行责任编辑　赵　渤
封面设计　长春创意广告图文制作有限责任公司
制　　版　长春创意广告图文制作有限责任公司
开　　本　720mm×1000mm　1/16
字　　数　250千字
印　　张　12
印　　数　1-12 000册
版　　次　2014年9月第1版
印　　次　2014年9月第1次印刷
出　　版　吉林科学技术出版社
发　　行　吉林科学技术出版社
地　　址　长春市人民大街4646号
邮　　编　130021
发行部电话/传真　0431-85677817　85635177　85651759
85651628　85600611　85670016
储运部电话　0431-86059116
编辑部电话　0431-85635186
网　　址　www.jlstp.net
印　　刷　沈阳天择彩色广告印刷股份有限公司
书　　号　ISBN 978-7-5384-8078-8
定　　价　26.80元
如有印装质量问题可寄出版社调换